农村网络基础与农产品网上营销

主 编 汪 泉

副主编 尹 涛 惠现波

黄 河 水 利 出 版 社

·郑 州·

内 容 提 要

本书主要内容包括农业信息化基础知识、畅游互联网、如何使用电脑、我国农业网站建设、农产品网络营销、如何在网上销售农产品、农产品电子商务、农产品网络营销价格与广告策略、农产品网上销售的其他策略等。

本书可作为广大农民朋友的科普读物、涉农企业电子商务的操作指南、农村干部及农业专业技术人员的知识更新培训书目,也可供广大"三农"工作者阅读。

图书在版编目(CIP)数据

农村网络基础与农产品网上营销/汪泉主编. —郑州:黄河水利出版社,2012.2
ISBN 978 - 7 - 5509 - 0208 - 4

Ⅰ.①农… Ⅱ.①汪… Ⅲ.①农业 - 计算机网络 - 普及读物 ②农产品 - 网上销售 - 中国 - 普及读物 Ⅳ.①S126 - 49 ②F724.72 - 49

中国版本图书馆 CIP 数据核字(2012)第 017813 号

出 版 社:黄河水利出版社
地址:河南省郑州市顺河路黄委会综合楼14层　邮政编码:450003
发行单位:黄河水利出版社
发行部电话:0371 - 66026940,66020550,66028024,66022620(传真)
E-mail:hhslcbs@ 126. com
承印单位:郑州海华印务有限公司
开本:850 mm × 1 168 mm　1/32
印张:4.5
字数:121 千字　　　　　印数:1—4 000
版次:2012 年 2 月第 1 版　　印次:2012 年 2 月第 1 次印刷
定价:23.00 元

前　言

我国作为农业大国,农业问题一直是党和国家关心的问题。从2004年起,连续7个"中央一号文件",作出了"多予、少取、放活"、"以工补农、以城带乡"、"建设社会主义新农村"和"加快农业现代化发展"等一系列破解"三农"问题的重要决策,以"一免四补"(免除农业税,种粮补贴、良种补贴、购机补助和综合生产资料直补)为标志的一系列惠农强农政策,对缩小城乡差别,减轻农民负担,增加农民收入起到了积极推动作用。跨入21世纪后,我国呈现出农村空前繁荣、农业空前发展、农民较以前富裕的大好形势。

然而,在2010年以后,全国各地"三农"问题再一次显现了出来。一方面,全国各地市场出现了农产品销售价格上涨过快、居民生活压力加大的局面;另一方面,频频出现农产品销售难的问题,造成菜(粮)贱伤农。这一现象与经济学所说的"商品价格因供求矛盾而上下波动"规律背道而驰。于是,人们开始细心观察,冷静思考,把目光聚焦到农产品流通环节,发现我国农产品传统交易方式难以适应现代社会发展的需要。基于这一点,编者认为,我国农村和农业下一步的发展与现代的电子商务关系密切,农产品结合现代电子商务技术,走网络营销之路,能更好地解决农产品流通问题,从而进一步破解"三农"难题。

本书正是基于此,结合我国农村实际情况,从农业信息化基础知识、畅游互联网、如何使用电脑、我国农业网站建设、农产品网络营销、如何在网上销售农产品、农产品电子商务、农产品网络营销价格与广告策略、农产品网上销售的其他策略等9个方面对我国农村电子商务的现状及如何应用电子商务作一个概括性的介绍。

参与本书编写的有汪泉、尹涛、惠现波、许芳、王语涵、刘珂、张莹、王潇然、雷鸣、张书宏。

在本书的编写过程中，参考了相关书籍、网上资料等，在此对这些文献的作者表示衷心感谢！

由于编者水平所限，加上时间仓促，书中如有疏漏之处，敬请广大读者批评指正。

编　者

2011 年 12 月 28 日

目　录

第一章　农业信息化基础知识

一、农业信息化的内涵

随着全球经济一体化和信息技术的飞速发展,信息化已经成为世界经济和社会发展的大趋势。农业信息化是指利用现代信息技术和信息系统,开发农业信息资源,为农业产、供、销及相关的管理和服务提供有效的信息支持,以提高农业的综合生产力和经营管理效率的过程。农业信息化包括农业生产管理信息化、农业经营管理信息化、农业科学技术信息化、农业市场流通信息化、农业资源环境信息化、农民生活消费信息化等。农业信息化是农业现代化的重要内容,是农业适应市场经济的重要途径。农业信息化有利于促进农村经济的快速、健康发展,保持社会长治久安,是协调农村经济和社会发展的重要手段。根据某些预测标准,当一个国家信息产业在农业中的附加值达到或超过农业总产值的 50% 时,就认为农业实现了信息化。

二、信息技术在农业上的应用

信息技术在农业上的应用大致有以下几个方面:农业生产经营管理、农业信息获取及处理、农业专家系统、农业系统模拟、农业决策支持系统、农业计算机网络等。农业中所应用的信息技术主要有计算机、信息存储和处理、通信、网络、多媒体、人工智能、3S 技术(即地理信息系统 GIS、全球定位系统 GPS、遥感技术 RS)等。比如,精确农业是将 3S 技术、计算机技术、自动化技术、网络技术等高科技应用于农业,逐步实现精确化、集约化、信息化的现代控制农业。

三、国外农业信息化现状

国外农业信息化大致经历了三个发展阶段：20世纪50～60年代，主要是利用计算机进行农业科学计算；70年代的工作重心是农业数据处理和农业数据库开发；80年代，特别是90年代初以来，研究重点转向农业知识的处理、农业决策支持系统与自动控制的开发及网络技术的应用。

发达国家的农业信息技术已经进入产业化发展阶段。美国以政府为主体，以五大信息机构为主线，形成国家、地区、州三级农业信息网，构建了庞大、完整、规范的农业信息网络体系，形成了完整、健全、规范的信息体系和信息制度；在农业信息技术应用方面，农业公司、专业协会、合作社和农场都在普遍使用计算机及网络技术，很多中等规模的农场和几乎所有大型农场已经安装了GPS定位系统。日本依靠以计算机为主的信息处理技术和通信技术，增加农村地区的活力，发展农业和农村的信息化，建立了农业技术信息服务全国联机网络，每个县都设有分中心，可迅速得到有关信息，并随时交换信息，乡镇级以及地方综合农协在信息通信设施建设方面发展迅速，每一个农户都对国内市场乃至世界市场每种农产品的价格和生产数量有比较全面准确的了解，由此调整生产品种及产量。德国的农业技术信息服务主要通过三种类型的计算机网络来实施：一是各州农业局开发和运营的电子数据管理系统（EDV），用户只要将计算机或电视机通过电话线与EDV系统联机，并交纳一定的费用，就可以随时获得作物生长情况、病虫害预防、防治技术及农业生产资料市场信息等；二是邮电局开发运营的电视文本显示服务系统（BTX），用户只须购买BTX主机和键盘，将其与电视、电话连接，即可通过邮局通信网络获得农业技术信息服务；三是德国农林生物研究中心开发建设的植保数据库系统（PHYTOMED），以德国计算中心的大型计算机为宿主机，凡与宿主机联网的计算机用户，均可联机检索有关农业技术信息。

四、我国农业信息化现状

我国农业信息化起步较晚,但发展迅速。20世纪80年代以来,我国开展了系统工程、数据库与信息管理系统、遥感、专家系统、决策支持系统、地理信息系统等技术应用于农业、资源、环境和灾害方面的研究,互联网网站发展迅速,农业和农村信息化组织与服务体系初具雏形。

1994年,"国家经济信息化联席会议"第三次会议提出了建设"金农工程",建立"农业综合管理和服务信息系统"。国家科技部实施的"电脑农业"遍及全国20多个省(市)、自治区,社会经济效益极为显著。"九五"重点攻关项目"工厂化高效农业示范工程"推动了设施农业中的信息自动控制系统应用。国家"863计划"中的农业HPC/PDA、3S技术农业应用及农业企业信息系统等的研究开发与应用有效地推动了信息技术在农业领域的应用。

2006年,"中央一号文件"中明确提出:"要积极推进农业信息化建设,充分利用和整合涉农信息资源,强化面向农村的广播电视电信等信息服务,重点抓好'金农'工程和农业综合信息服务平台建设工程。"《国民经济和社会发展第十一个五年规划纲要》中要求:"建立电信普遍服务基金,加强农村信息网络建设,发展农村邮政和电信,基本实现村村通电话、乡乡能上网"。新农村建设为我国农业信息化的发展提供了又一次良好的机遇。目前,我国农业网站建设飞速发展,中央部委建立的垂直型农业网站、各级政府建立的农业网站和特色涉农网站纵横交错,涵盖了农业和农村经济的方方面面。

一个以电视、互联网、电话语音服务系统、手机短信等信息技术为载体,以政府为主导、多方参与的农业和农村综合信息化服务体系已经初具雏形。各地对如何解决信息进村入户"最后一千米"问题进行了有益的探索和实践,农业信息服务模式不断创新,以互联网和其他传统媒介相结合对农民开展全方位、多层次的信息服务成为新时期农业信息服务的热点,如信息入乡、致福工程、农信通、农技

110、电子农务、三电一厅等。中华人民共和国农业部试点建设农业综合信息服务平台,推广"三电合一"信息服务模式,充分利用电话、电视、电脑三种载体的优势,建设公共数据库平台,开展多样、交互、个性化的农业信息服务。

五、我国农业信息化差距

我国农业和农村信息化建设发展迅速,但与发达国家相比,农村信息化的总体水平落后,仍存在一定差距,具体表现在:

(1)农业信息技术没有得到很好地普及和应用。农业专家系统的研制虽取得了不少成果,建立了示范基地,但应用范围有限;农业信息资源数据库开发、整合和推广力度不够,实用性差;数字化、智能化、精细化等农业信息技术仍处于研制开发、试验阶段。

(2)农业信息化基础设施薄弱,地区之间发展不平衡,城乡之间存在着"数字"鸿沟,互联网在农村的应用和发展总体上仍比较落后。经济发达地区和大城市拥有计算机与上网的农户较多,经济欠发达地区上网农户少,城乡之间网民数量及普及率差异巨大。受经济条件的限制,对广大农村地区来说,计算机和网络知识的匮乏、计算机和上网成本较高也阻碍了信息化的普及。

(3)农业信息网络建设方面缺乏有效管理,存在着网站低水平重复建设、部门分割、资源缺少有效整合、信息共享体系还没有建立、网站内容雷同、缺乏特色、信息来源可靠性差等问题,致使不少假信息和过期信息给农业生产带来损失,信息再开发力度不够,含金量不高,针对性、时效性、实用性不强,服务功能单调等。

(4)农业电子商务仍处于起步阶段,所需配套条件和市场机制尚未形成,农产品网上销售难以形成规模。

(5)农业信息服务体系还没有完成,许多基层信息服务站没有真正发挥作用。

第二章　畅游互联网

在农村信息化建设过程中,计算机网络是一个核心环节。计算机网络是 20 世纪 60 年代末期发展起来的一项新技术,是计算机技术和通信技术相结合的产物。目前,Internet(互联网)已经成为世界上覆盖面最广、规模最大、信息资源最丰富的计算机信息网络,小到衣食起居,大到天文地理,人们都可以从中获取所需的信息。

一、计算机网络的概念

所谓计算机网络,就是通过数据通信系统将地理上分散的具有独立功能的多个计算机系统连接起来,并按照网络协议进行数据通信,实现资源共享的一种计算机系统。

计算机网络的分类标准多种多样,按网络的覆盖面积可分为局域网(LAN)、城域网(MAN)和广域网(WAN)。局域网是处于同一建筑、同一大学或方圆几千米地域内的专用网络;城域网可以说是局域网的集合,它所连接的计算机都位于同一地区,如一个城市或城镇;广域网是一种跨越大的地域的网络,把局域网和城域网连接在一起,范围可以遍布一个国家,也可能是整个世界。目前,局域网和广域网是网络的热点,局域网是组成其他两类网络的基础,城域网一般都加入了广域网,广域网的典型代表是 Internet。

二、Internet 基础知识

(一)什么是 Internet

世界上有很多组织,像公司、大学、研究所等机构,它们把机构内部的计算机连成网络,在计算机之间进行通信,这就是局域网。公司、大学、研究所等局域网上的计算机资源可以共享,比起单机来优势非常明显,所以人们就想到,为什么不在更大的范围内共享资源呢?于是许许多多这样的局域网又通过各种方法互相连接起来,国际之间的信息传递,形成一个世界范围内的大网,这就是 Internet。

Internet 中文名也称为互联网、因特网、网际网,或者称国际互联网。它通过硬件设备将不同的网络互联,并通过通信协议 TCP/IP 实现不同计算机之间的通信。它连接了全球众多的网络与电脑,是由分布在全球各地的计算机网络组成的,它在本质上是计算机技术和通信技术紧密结合的产物,被形象地称做"信息高速公路"。

Internet 的前身是 1969 年美国国防部的 ARPAnet(阿帕网)。1990 年人们从阿帕网转移到 NSFnet。NSFnet 的成功,形成了真正的信息高速公路。

我国由 1995 年引入,并先后建立了 6 个国际出口信道,4 个指定互联单位即直接接入因特网的网络:Chinanet——中国公用计算机互联网、Cernet——中国教育网、Cstnet——中国科技网、China GBN——电子工业部金桥网。

(二)Internet 中常用的术语

1. TCP/IP 协议(传输控制与互联网协议)

TCP/IP 是互联网上不同计算机之间用来通信和交流信息的一种公用语言的规范约定。

2. IP 地址与域名

1)IP 地址

在 Internet 上,每台计算机有唯一的网络地址,由于采用了 TCP/IP 协议,我们称它为 IP 地址。如安徽农网的 IP 地址为 218. 22. 11. 56。

2)域名

IP 地址是以数字字符串的形式来表示地址的,比较难记。为便于记忆而引入了域名来标识地址。直接使用域名就可以访问 IP 地址所标识的站点地址,Internet 上的域名服务器(DNS)会将域名自动转化为对应的 IP 地址。如安徽农网的域名为 www. ahnw. gov. cn。

域名的命名方式称为域名系统(简称 DNS)。域名采用的是层次结构,由几级组成,各级之间用圆点"."隔开。从右到左看各个子域名,范围从大到小,如安徽农网域名从右到左表示中国、政府部门、安徽农网、www 服务器。Internet 按组织模式和地理模式定义了顶级域名,如表 2-1 所示。

表 2-1　Internet 顶级域名

国家、地区顶级域名	通用顶级域名	新增顶级域名
由两个字母组成的国家和地区代码,指出所在的除美国外的国家和地区,如中国 cn、香港 hk 等	com 商业组织 edu 教育机构 gov 政府部门 mil 军事部门 net 网络服务商 org 非赢利组织	biz 适用于商业公司 Info 信息服务单位 name 专用于个人 Aero 专用于航空运输业 TV 电视台或频道 Mobi 新移动顶级域名

域名分英文国际域名、英文国内域名、中文域名。域名为英文,后缀为 .com、net 等为英文国际域名;域名为英文,后缀为 .cn、.com 等为英文国内域名;域名为中文的叫中文域名,如西单赛特.中国、中国万网.com。

域名一般是英文字母或数字,也可以是"-",但"-"不能位于开始或结束位置。"."符号在域名中是用来划分域的,不可以在域名注册中使用,这一点对于上网不久的用户来说容易误解,比如:sina.com 是新浪网的国际域名,news.sina.com 其实是 sina.com 下的一个名叫"news"的二级域名,而并不是一个名叫"news.sina"的 .com 国际顶级域名。

3)网络实名和通用网址

网络实名原是北京 3721 公司现为阿里巴巴公司的产品,通用网址是 CNNIC(中国互联网信息中心)的产品。网络实名和通用网址实际上是一种基于浏览器地址栏的网址转发技术,其作用都是通过一个简单好记的词,转发到实际的域名,因此注册网络实名或通用网址的同时必须有真正的网址或域名存在。举个例子,如果我们要访问 CNNIC 的网站,只要在 IE 地址栏键入它的通用网址"中国互联网络信息中心",就可以迅速到达 CNNIC 网址 http://www. cnnic. net. cn。

3. 统一资源定位符 URL

URL 在互联网上标记某一唯一的资源,在因特网上可以定位到指定网站服务器的某个网页文件,URL 地址就是 Web 的页地址,如:http://www. ahnw. gov. cn/nwkx/idjh. htm,表示:资源类型/主机域名/资源文件路径/资源文件名。

4. 超文本标记语言 HTML 和超文本传输协议 HTTP

超文本是一种创建能与其他文档相连接的文档方式。HTML 是一种标记语言,是一种特定类型的超文本,用标记来表示文档形式和内容的特殊信息。超文本可包括文字、列表和表格式样等,还可嵌入图像、声音等效果,具有颜色、位置等属性,还可与用户交换信息。Web 是基于客户机/服务器模式,HTTP 是客户机与服务器之间的传输协议。

(三)Internet 的基本应用

Internet 的基本应用很广泛,包括信息浏览服务(WWW)、电子邮件(E-mail)、远程登录(Telnet)和文件传输(FTP)等四种最基本的应用。Internet 还包括电子公告牌(BBS)、网络新闻(News)、游戏娱乐、电子商务、信息发布、即时交谈、网络电话、视频会议、网络电视、远程教育,等等。下面具体介绍几种基本应用。

1. 浏览 WWW 网页,查看有用信息

电脑联网之后,我们的电脑就算是 Internet 的一份子了,该用 Internet 来干点什么呢? Internet 上最常用的就是浏览网页了。WWW(World Wide Web)——全球信息网,可以说是目前 Internet 上最热门的信息源。它使用超文本技术,把 Internet 上的丰富资源连接在一起,可以不断地选择链接,最终找到所需的资料,使用起来极为方便,不需要太多计算机方面的知识。下面,我们给您简单讲解如何浏览 WWW 网页。

什么是 WWW 网页呢？WWW 网页简称网页,是 Internet 上应用最广泛的一种服务。人们上 Internet,有一半以上的时间都是在与各种网页打交道。网页上可以显示文字、图片,还可以播放声音和动画,它是 Internet 上目前最流行的信息发布方式。许多公司、报社、政府部门和个人都在 Internet 上建立了自己的 WWW 网页,通过它让全世界了解自己。访问 WWW 网页,要用专门的浏览器软件。常用的浏览器有微软公司的 Internet Explorer(简称 IE)和火狐浏览器等。它们的使用方法几乎相同。下面以中文版的 Internet Explorer 为例,通过进入"搜狐"网站查询信息的过程来看看怎样浏览 WWW 网页。

打开 IE 浏览器,在地址栏内输入:http://www. sohu. com ,然后按"回车"键就进入图 2-1 所示页面。这时可以用鼠标拖动网页浏览查看信息,此时查看的信息是信息的标题,如果遇到想看的,可以单击那个标题,就能详细查看,图 2-2 就是我们点击相关信息标题后看到的详细页面。

图 2-1　搜狐主页

图 2-2　点击相关信息标题后看到的详细页面

　　如果点了链接点以后，又想回到刚才的网页该怎么办呢？最简单的办法是点上面工具条里的"后退"按钮，点一下后退，就可以回到刚才的网页，而且可以多次点后退，一直回到最开始打开的网页。与"后退"对应，工具条上还有"前进"按钮，这个功能可以让我们"后退"后再按刚才的顺序依次显示网页，一直到打开过的最后一个网页。知道了这些，就可以在网页的海洋中进退自如了。

　　2. 搜索信息

　　网络上的信息浩瀚无穷，比一般的报纸、期刊或者电视上提供的信息更多、更全面，如果想要在网络上寻找一个有用的信息，就好比大海捞针一样。那么我们如何操作才能在网络上很快地找到所需要的信息呢？信息搜索是一种在网络上获取大量有用信息的快捷方式。

　　信息搜索有很多种方式，比如偶然发现及专门搜索。经常上网看新闻和文章的人就会发现，其实信息在网络上无处不在。为了查找某个信息，刻意打开了某一个网页，但可能这个网页中还包括很多其他你所感兴趣的信息，这就是在不经意的情况下，偶然发现了信息。

偶然发现的方法很多时候并不可取,因为它的信息针对性较差且不全。比如我们在随意浏览人民网的时候就不太可能找到有关"棉花病虫害治理的方法"等信息,那么就要学会使用"搜索引擎"。搜索有两种情况:

(1)对于所需要查找的信息,很清楚地知道它在哪一个网站上,并且知道这个网站的网址。比如,需要查找的信息是"2010 年我国猪肉市场形势分析",并且知道该条信息在中国农业信息网上,而且知道这个网站的网址是 http://www. agri. gov. cn/index2. htm,那么就可以按照以下的步骤来进行。

目前,网络上使用较普遍的浏览器是 Internet Explorer(由于最早由美国的微软公司开发,因此国内也常直接沿用着浏览器的中文名称)。即使对该软件不是很了解,也不影响对它的使用。开机后,确认网络连接无误的情况下,用鼠标左键双击 Internet Explorer 图标(如图 2-3 所示)。

图 2-3 Internet Explorer 图标

①在地址栏输入相应的网络地址:http://www. agri. gov. cn/index2. htm,按"回车"键,等一下就会出现一个相应的带有图片和文字的页面(如图 2-4 所示)。

图 2-4 中国农业信息网主页

②页面的上面有"中国农业信息网"一行大字,非常醒目。在页面的上端分门别类标有"我想看"、"我想学"、"我想问"和"我想

查"，每一栏后面又跟着许多小栏目，点击"我想查"，在"站内搜索"后空白方框中输入"全国二等黄玉米市场报价"单击搜索（如图 2-5所示）。

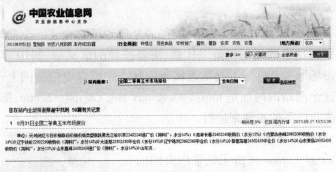

图 2-5　关键词对话框

　　如果该网站仍然存在该条信息，那么在新出现的网页中就会找到所需要的信息条目。如果不存在，那么有可能该信息因为失去时效被删除，或者是该信息发布之后发现了其中存在重大失误而被删除了。

　　细心的读者还会发现，在网站的每一个页面的最下端都有一行黑体字，标示着"版权所有：中华人民共和国农业部，网站维护制作：农业部信息中心"。这是说，中国农业信息网是由我国的农业部制作并维护，全部的信息由我国农业部提供。它面向全国人民免费提供各种农业信息。中华人民共和国农业部作为国家管理农业的最高权威部门，它发布的信息可信度是比较高的。

　　（2）如果不知道网站的网址，只知道网站的名字，例如"农业部"网站，不用着急，还有一种办法，就是使用普通搜索法。就是用网上特有的一种工具，就像字典一样，想要找什么内容，只要找它就行了，在上面没有我们找不到的东西，它就是"搜索引擎"。常见的搜索引擎有"百度"、"谷歌"、"雅虎"等，最常用的是"百度"，下面就以在百度上搜索"全国二等黄玉米市场报价"为例讲解如何使用它。

这个办法同上面一样,也要打开"Internet Explorer"浏览器,在地址栏输入:http://www.baidu.com/(如使用"谷歌"在地址栏输入:http://www.google.com.hk/,如使用"雅虎"在地址栏输入:http://cn.yahoo.com/)。

①输入 http://www.baidu.com/,就会得到如图 2-6 所示的页面。

图2-6　百度搜索

②页面打开以后,在空白栏输入"全国二等黄玉米市场报价",然后点击"百度一下"或者直接按回车键,结果如图 2-7 所示。

图2-7　百度搜索条目

我们会找到几百万个信息,你可以一页一页地看,最终找到自己需要的信息。除了百度,谷歌和雅虎的搜索方式都是类似的,其他的"搜索引擎"使用方法一样,只要输入关键词,即想找内容的主要词,就能找到所需要的信息。

但有些网站,在点击一些信息条目,想得到更具体的重要信息或资料的时候,会突然蹦出一个新的页面,告诉你需要注册成为该网站的会员才有权查看该条信息。这是网站"做生意"的一种方式。因为多数网站注册会员是要花钱的,如果你认为所看到的信息非常重要,而且网站标注的价格又能接受的话,才可以考虑注册为网站的会员。目前,除国家农业部门、地方政府及一些农业组织的网站多数为免费的外,一般的农产品贸易公司通常是做生意的,它们开设的网站通常是不会免费的。即使免费,所获取的信息肯定是有限的,一些真正重要的、及时的信息通常只有付费的会员才能查看到。当然,部分信息过一段时间也会成为免费的信息,但是很多已经失去时效了,或许也就因此失去了最宝贵的"商机"。

3. 使用电子邮件

什么是电子邮件呢?电子邮件就是把写的信通过 Internet 寄出去,当然这些信不是用笔和信纸写的,而是用键盘敲到电脑里去的文章。如果你给国外的亲友写一封信,至少要几块钱,而且要好几天才能收到。可是如果使用电子邮件,只需要几分钟、几秒钟,就可以把信件传到对方的计算机上。这种快捷而便宜的通信方式已经为越来越多的人所接受。在中国,拥有 E-mail 地址的人越来越多,开始使用电子邮件的人也越来越多,而且使用过 E-mail 的人几乎都不愿意再使用传统邮件了。大家不必跑到邮局里,不必花很多钱,可以舒舒服服地坐在家中,轻轻松松地敲击键盘,远在天边的朋友就能收到你真诚的问候。

利用电子邮件(E-mail)在网上交流信息,首先必须申请一个电子信箱,也就是在因特网上拥有一个电子邮件地址。它是一个类似于家庭门牌号码的信箱地址,或者更准确地说,相当于你在邮局租用了一个信箱,只不过传统的信件是由邮递员送到你家,而电子邮件则需要自己去查看信箱,但不用跨出家门一步。使用电子邮箱已经成为人们生活和生意往来通信的重要手段。目前,能够提供邮箱服务的网站很多,比较专业、规模较大的网站主要有网易、新浪、搜狐、雅虎等。这些网站有免费邮箱,也有收费邮箱。下面以新浪免费邮箱的申请为例,简单介绍一般邮箱的申请及邮件发送方法。

第一步:用前面介绍的方法打开 Internet Explorer 浏览器,在地址栏中输入新浪的地址:http://www.sina.com.cn/,点击"注册通行证",如图 2-8 所示。

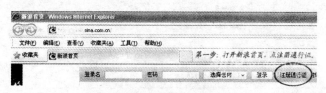

图 2-8　新浪注册通行证

第二步:填写申请新浪邮箱账户名,如图 2-9 所示(这个邮箱全名以后就是登陆论坛所要用到的用户名)。

图 2-9　新浪邮箱账户名

第三步:填写注册信息,如图 2-10 所示。

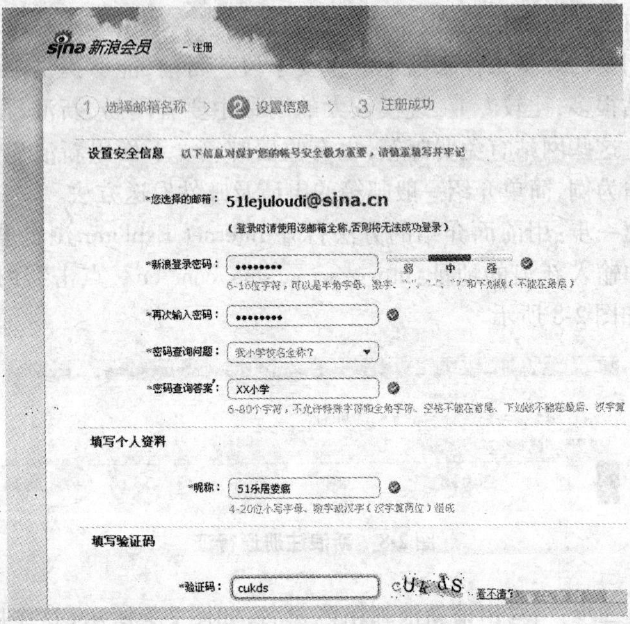

图 2-10 新浪邮箱注册信息

第四步：注册完毕，如图 2-11 所示。

注册完毕后，就可以用自己申请的用户名登录电子邮箱收发信件，不用再跑到邮局排队发送邮件了，省时又省事。

用户名和密码也是需要牢记的，这是在以后登陆邮箱时需要填写的重要资料，相当于通行证。新浪的电子邮箱最后是以用户名@ sina. cn的形式存在的。例如，若为自己的邮箱取的用户名为 wangbin，那么你的新浪邮箱就是 wangbin@ sina. cn。其他网站的邮箱申请程序大同小异。

(四) 如何与互联网相连(Internet 的接入方式)

要想自己的计算机能访问互联网，首先必须通过一定的方式接入 Internet。

目前，与互联网相连的方式主要有两种：电话接入和专线接入。

图2-11 注册成功

电话接入也称拨号上网,是通过电话系统与互联网指定的通信服务器相连,再按照一定的规则和互联网连接起来。这种方式的好处显而易见:投入较少,配置简单,适用于对网络速度和质量没有很高要求的用户。专线接入是用户通过数字专线与互联网指定的路由器相连。这种接入方法的好处是信号稳定,网络运行速度快,适合大面积、客户家庭的互联网接入。从总体上看,前一种方式的使用者正在减少,而后一种方式的使用则越来越普及。

有电脑又有电话的农民家庭可以在家采用电话接入的方式上网。但是,还要具备的条件是:调制解调器(俗称"猫",一种网络器件)、电话线、入网账号、拨号入网的电话号码和入网软件。调制解调器和入网软件在正规的电脑销售市场都有出售,一定要买正品,防止上当。安装"猫"的主要步骤是:根据说明连接好电源,然后与计算机、电话线、电话机连接,之后是安装驱动程序。首先确保网线、电脑和其他设备之间的正确连接,或电脑的无线网开关处于开启的状态。下面是连接网络的一般步骤(如果网络提供商为您提供了单独的网络连接软件,那么请参看相应说明书或咨询网络提供商)。

(1)点击"开始"菜单,之后选择"连接到"选项。下面可能会有两种情况出现。如果电脑已存在设置好的网络连接(如图2-12所示),那么可以直接选取相应的连接,然后点击"连接"按钮,就大功告成了。

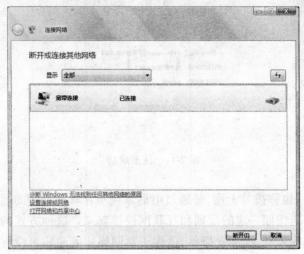

图 2-12　网络连接

(2)如果找不到任何网络,或者想设置一个全新的网络连接,那么点击面板下方的"设置连接或网络"选项,结果如图2-13所示。

(3)选择"连接到 Internet"选项,然后点击"下一步"按钮。如果希望连接到一个无线网,那么可以点击面板中的"无线"选项。如果希望连接到 ADSL 或者小区宽带网等,那么可以点击"宽带"选项(如图2-14所示)。

(4)在"无线"设置中,可以选择需要的无线网络连接(需要输入网络连接密码),之后点击"连接"按钮,就大功告成了。在"宽带"设置中,可以根据提示填写 Internet 服务商为您提供的用户名及密码,之后点击"连接"按钮,就大功告成了(如图2-15所示)。

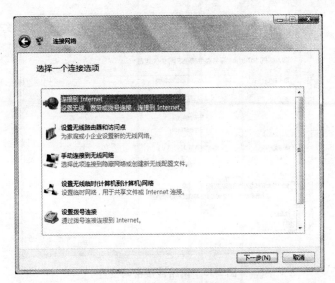

图 2-13 设置连接或网络

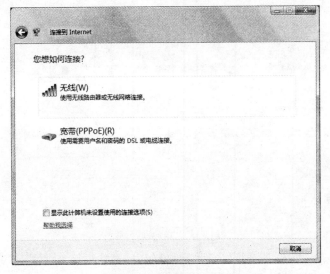

图 2-14 连接到 Internet

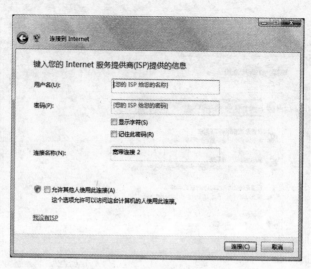

图 2-15　网络连接密码设置

第三章　如何使用电脑

在农村信息化建设过程中,计算机网络是一个核心环节。计算机网络是一种实现共享资源的计算机系统,因而计算机(也就是我们平常所说的"电脑")是计算机网络的基本组成部分,要畅游互联网,必须懂得计算机也就是电脑的使用。本章简要介绍使用电脑的基本知识。

一、电脑基本硬件简介

一台计算机从外观上来看主要由主机和显示器组成,计算机系统由运算器、控制器、存储器、输入设备和输出设备五部分组成。运算器和控制器集成在一起又称为中央处理器,简称为 CPU;存储器分为内部存储器和外部存储器,内部存储器简称为内存(RAM),外部存储器简称为外存(如硬盘、光盘、移动磁盘等);输入设备是用来从外界向计算机系统输入数据的唯一途径,常见的输入设备有鼠标、键盘、扫描仪等;输出设备是计算机将处理结果显示给用户的设备,常见的输出设备有显示器、绘图仪、音响等。

(一)主机的组成

主机由主板、CPU、内存、硬盘、光驱、数据线和电源等几个部分组成,下面对各部分作简单介绍。

1. 主板

主板是计算机主机中最重要的内容,也是主机各配件的根据地,所有的配件都要通过主板上的各种插槽和接口与主板相连才能发挥自己的作用,所以主板的好坏在一定程度上决定了机器的性能高低(如图 3-1 所示)。

图 3-1　电脑主板

2. CPU

CPU 就是中央处理器，又被称为计算机的"大脑"，计算机的所有操作及运算全部是由它进行的。现在 CPU 又出现了双核或四核，也就相当于一台计算机中有两个或四个"大脑"在运行，将来还会有更多核的计算机问世。正常情况下我们看不到 CPU，因为在电脑正常操作情况下，它被散热器所覆盖。

3. 内存

内存是主机内 CPU 与其他硬件（主要是硬盘）之间的中转站，它的存在可以解决 CPU 速度快而其他硬件速度慢的矛盾，内存越大，对这种矛盾协调得越好。

4. 硬盘

硬盘是主机内的仓库，可以存储主机处理的各种数据，使数据不会丢失。

5. 主机面板按钮

开机按钮（Power），按下它可以启动电脑工作，长按该键 4 秒钟以上可以把机器关掉;复位键(Rest),死机时按一下该键,系统将重新启动。

6.面板接口

计算机主机前面板上一般有 USB 接口、音响接口和话筒接口, USB 接口又称为即插即用接口(不用关闭计算机系统,在开机状态可以直接插),USB 设备均可以使用此接口和计算机相连接。常见的 USB 设备有 USB 键盘、USB 鼠标、USB 口打印机、U 盘、移动硬盘等。此外,USB 接口还可以用来和数码相机、手机相连接。用户要特别注意的是,虽然称 USB 设备为即插即用设备,但是对移动类存储磁盘最好不要直接拔出,因为这样容易损坏磁盘,导致数据丢失。正确的方法是:单击桌面右下角的图标,然后单击右下角弹出的小窗口,等出现"安全删除 USB"再拔下 USB 设备(如图3-2 所示)。

图3-2　USB 设备去除示意图

计算机主机后面板上有电源、POST、串口、并口、显示器接口、网络接口、USB 接口、音响接口和话筒接口,这些接口大部分是主板上自带的。声卡、网卡、显卡可以是主板上集成的设备,也可以是独立的设备(不同的主板接口布局有所不同,但是接口规格和形式都是符合国际标准的),如图3-3 所示。

◆串口:这种接口的数据传送模式是串行通信,所以它只能连接串行设备。

◆并口:这种接口的数据传送模式是并行通信,主要和并口设备连接,通常可以和并口打印机相连接。

◆COM 口:COM 口有两个,一个 COM 口是鼠标接口,一个 COM 口是键盘接口,接口的旁边都有标示。

(二)键盘简介

键盘是计算机必不可少的输入设备,目前使用最广泛的是 101

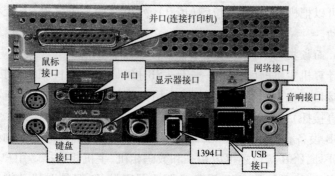

图 3-3　主机后面板

键或 102 键的键盘。根据键盘使用功能可以将键盘分为三个区：功能键盘区、打字键盘区和数字小键盘区，如图 3-4 所示。

图 3-4　键盘

（1）功能键盘区。包括 Esc、F1 ~ F12、Tab、Caps Lock、Shift、Ctrl、Alt、Print Screen、Scroll Lock、Pause、Insert、Home、PageUp、Delete、End、PageDown、Num Lock 等以及专门为 Windows 设计的开始键和功能键。功能键在不同的应用程序和操作系统中的定义不一定相同。

　◆Enter：又称为回车键，是使用频率最高的一个键，主要作用是确定电脑应该执行的操作。

　◆Esc：该键作用与回车键刚好相反，用来取消命令的执行。

　◆Ctrl：该键一般配合其他键使用，比如在 Windows 系统中Office软件里：Ctrl + C 表示复制，Ctrl + V 表示粘贴，Ctrl + X 表示剪切，

Ctrl + S 表示保存。

◆Alt：在空格键左、右各有一个，该键一般配合其他键使用，如 Alt + F4 表示关闭当前窗口。

◆Shift：又称为换档键，按住它再按打字区的数字键就可以打数字键上的特殊符号。

◆Tab：又被称为制表定位键，一般按一次 Tab 键光标移到一个制表位。

◆Caps Look：称为大写字母锁定键，按一下该键，键盘上 Caps Lock 灯亮了，这时输入的就是大写字母，再按一次输入的时候就是小写字母了。

◆Back Space：称为退格键，该键在回车键的上边，上面有一个向左的箭头。按一次该键光标就会向前移动一格，向前移动一格也可以删除一个字符或汉字。

◆Delete：称为删除键，与数字键区的 Del 键功能相同，可以将选中的对象删除。

◆Print Screen：称为屏幕硬拷贝键，在 DOS 系统中按一次该键可以将屏幕输出到打印机，在 Windows 系统中按一次该键可以将当前窗口显示画面复制到剪贴板中供应用程序使用。

◆Pause：称为暂停键，在执行某些程序时按一次该键可以暂停程序的执行，同时按住 Ctrl 和该键可以强行中断程序的运行。

◆Num Lock：称为数字锁定键，按一下该键，键盘上 Num Lock 灯亮了，这时可以使用数字键盘区上的键，再按一次该键数字键盘区上的键就被锁定不可以使用了。

（2）打字键盘区。包括 26 个英文字母、10 个数字键、英文符号键和必要的转换键。

（3）数字小键盘区。由 10 个数字键，光标移动键，上、下翻页键，Home 键，End 键组成。

（三）鼠标

随着计算机技术的不断发展，软件的操作界面也越来越完善，尤其是在 Windows 系统下,使用鼠标可以大大提高操作速度,在一些绘图软件里更是离不开鼠标。

1.鼠标的种类

现在常见的鼠标有光电鼠标和机械鼠标。鼠标上有三个键或两个键。

2.鼠标的操作

◆单击:一般指按一次鼠标左键并松开左键的过程。常用于选中文件、文件夹和其他对象,也用于选择菜单中某项命令、对话框中某个选项等。

◆双击:一般指快速地按两次鼠标左键。常用于启动某个程序、打开一个窗口、打开一个文件或文件夹。

◆右单击:指将鼠标指针指向对象(文件、文件夹、快捷方式、驱动器等)后用中指按一下鼠标右键并快速松开的过程。该操作常用于打开目标对象的快捷菜单。

◆拖动:指将鼠标指针指向对象后,按住鼠标左键不放,然后移动鼠标到指定位置后再松开。该操作常用于移动对象。

3.鼠标指针的状态

在 Windows 操作系统中,当用户进行不同的操作或系统处于不同的运行状态时,鼠标指针就会出现不同的形状。具体情况如图3-5所示。

图3-5　鼠标指针的状态

二、开机、关机

计算机使用的第一步要学会开机和关机,开机、关机就像我们平时使用电视一样,只是操作上有所区别。

（一）开机

（1）打开显示器开关按钮（标有 Power 字样的按钮）。

（2）打开主机开关按钮（标有 Power 字样的按钮）。

（二）关机

（1）单击"开始"菜单，如图 3-6 所示。

（2）单击"关闭计算机"，弹出"关闭计算机"对话窗口，单击"关闭"按钮，如图 3-7 所示。

图 3-6 "开始"菜单　　　图 3-7 "关闭计算机"对话窗口

（3）等待主机面板上的指示灯灭了以后，再关闭显示器的电源。切不可在计算机工作的时候将电源突然切断，这样对硬盘是有损害的，严重时会造成数据丢失或损坏硬盘。

三、计算机软件介绍

无论什么样的车都要加上油才能开动，计算机就像车一样，无论什么样的计算机，要想操作就需要有相应的软件才能使用。计算机的软件分为系统软件和应用软件。系统软件是用来管理计算机的，有了它，计算机才能进行基本的操作，常用的有 Windows98/2000/2002/XP/VISTA/7；应用软件是具体做什么的软件，如 Word/Excel/Photoshop。下面具体介绍一下目前最常用的系统软件 Windows XP。

（一）进入 Windows XP

1. 登陆 Windows XP

开机后等待计算机自行启动到登陆界面,如果是计算机系统本身没有设密码的用户,系统将自动以该用户身份进入 Windows XP 系统;如果系统设置了一个以上的用户并且有密码,用鼠标单击相应的用户图标,然后从键盘上输入相应的登陆密码并按回车键就可以进入 Windows XP 系统。

2. Windows XP 桌面

Windows XP 的桌面由桌面图标、任务栏和语言栏三部分组成。

1）桌面图标

（1）桌面图标就像图书馆的书签一样,每一个图标都代表着一个常用的程序、文件、文件夹。如"我的电脑"、"我的文档"、"网上邻居"、"回收站"、文件、文件夹和一些应用程序的快捷启动图标。如果是安装系统后第一次登陆系统的话,桌面的右下角只有一个回收站的图标。

（2）桌面图标的操作:在桌面空白处右单击鼠标就会出现如图 3-8 所示的菜单。

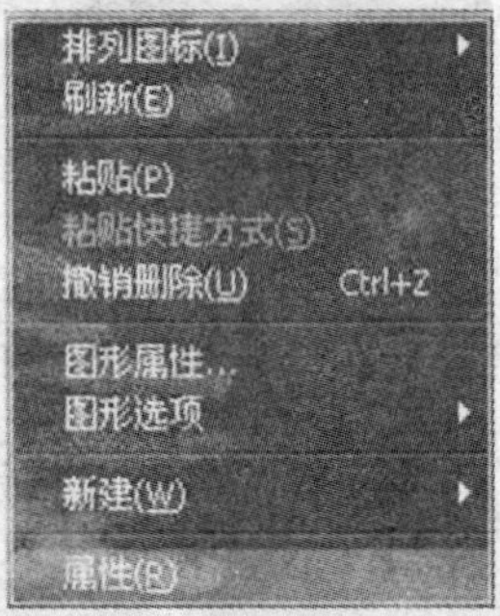

移动鼠标到菜单上,相应的命令颜色就会发生变化。命令后面有黑色小三角代表该命令后面还有子命令。灰色命令代表当前不可用。

◆排列图标:当鼠标移动到该命令上边的时候,它的子命令就会自动展开,单击不同的命令选项就使桌面上的图标按不同的方式进行排列。

图 3-8　桌面图标的操作

◆刷新:本质含义是将电容器充电的一个过程,在这里我们可以将这个过程理解为让系统处于一个"清醒"的状态。

◆撤销删除:指取消刚刚执行的删除操作。

◆图形属性:主要用来设置系统的图形模式,与主板相关,用户一般不用操作。

◆图形选项：主要用来改变显示器的分辨率，不同分辨率下桌面图标显示大小不同。

◆新建（如图 3-9 所示）：用来新建文件夹、文件，以及文件、文件夹的快捷方式。这里所说的文件是指安装到计算机上的应用程序。

◆属性（如图 3-10 所示）：执行"属性"命令后就会出现如图 3-10 所示的窗口，其中各项设置如下。

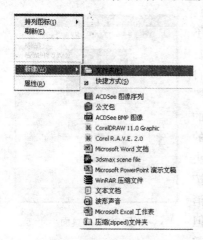

图 3-9　新建文件夹　　　　　　　　图 3-10　属性

◆主题：单击"主题（T）"的下拉箭头，可以选择不同的 Windows XP 主题，最后单击"确定"按钮。不同的主题系统的显示界面和背景有所不同，用户可以根据个人爱好选择。

◆桌面：主要用来设置桌面背景，选择"背景（K）"下边的图片，就可以在窗口中预览图片内容；用户还可以单击"浏览"，选择自己存储在计算机上的照片将其设为桌面背景；单击"位置"下拉箭头可以设置桌面背景的显示方式。如果用户是安装系统后第一次登陆系统的话，还需要单击"自定义桌面"按钮，将其他常用图标添加到桌面上。单击左下方的"自定义桌面"按钮，就会出现"桌面项目"对话框;分别单击"桌面图标"下边"我的文档"、"我的电脑"、"网上邻居"和"Internet Explorer"前面小框,将其选中,然后单击对话框下边的"确定"按钮,就可以将上边四个图标添加到桌面上去了。"更改图标"按钮可以改变桌面上图标的样式,比如单击"我的电脑"图标,然后单击"更改图标",在打开的对话框中选择所需的图标后单击"确定"按钮,最后分别单击"桌面项目"和"显示属性"对话框下边的"确定"按钮就可以完成桌面的设置,如图3-11所示。

◆屏幕保护程序(见图3-12):是系统自动在用户一定时间内不对计算机进行任何操作时系统自动打开预设的画面。用户可以自行定义画面,单击"屏幕保护程序"下边的下拉箭头可以选择相应的画面,单击"设置"改变画面运行的速度;单击"等待"后面的上下箭头可以改变等待时间;单击"电源"按钮(这里边的设置可以降低电量消耗——用户暂时不使用计算机但又不想关机,用户需要使用时只需

图3-11　桌面

按键盘上任意键即可恢复初始状态),在出现的对话框通过下拉箭头选择时间改变"关闭监视器"、"关闭硬盘"和"待机系统",最后单击"确定"即可。

◆壁纸自动换(见图3-13):在用户开机后一段时间不对计算机操作时自动运行该程序,隔一定时间改变显示图片。单击"开启桌面壁纸自动换"将其选中,单击"浏览"按钮选中提前设置好的图片文件夹。单击"随机显示图片"程序运行时就会随机显示图片,否则就是顺序显示;单击"拉伸图片到全屏",在显示图片的时候就会全屏显示,否则就按图片实际大小显示。在"频率"里可以设置更换图片的时间。

图 3-12　屏幕保护程序

图 3-13　壁纸自动换

◆设置(见图 3-14):可以改变桌面的显示分辨率,在图 3-14"屏幕分辨率"中单击滑块左右移动就可以改变屏幕分辨率,并可以在对话框中预览到相应的效果。单击"颜色质量"下边的下拉箭头可以改变颜色质量;保存上述改变结果要单击"应用"和"确定"按钮。

2)任务栏和语言栏

桌面任务栏如图 3-15 所示。

◆开始:位于桌面左下角,单击该按钮就会弹出"开始"菜单,所有应用程序、系统程序、关机、注销均可以在这里操作。

图 3-14　设置

快速启动栏　　　　任务按钮　　　　　语言栏

开始菜单　　　　　　　　　　　　　　提示区

图 3-15　桌面任务栏

◆快速启动栏：一般用于放置应用程序的快捷图标，单击某个图标即可启动相应的程序，用户可以自行添加或删除快捷图标。

◆任务按钮：在 Windows XP 中可以打开多个窗口，每打开一个窗口，在任务栏中就会出现相应的按钮，单击某个按钮代表将其窗口显示在其他窗口的最前面，再次单击该按钮可将窗口最小化。单击任意几个任务按钮，可以相互切换窗口。

◆提示区：其中显示了系统当前的时间、声音图标，还包括某些正在后台运行程序的快捷图标，比如防火墙、QQ、杀毒软件等，双击就可以将其打开。系统将自动隐藏近期没有使用的程序图标，单击箭头按钮将其展开。

◆语言栏：是一个浮动的工具。单击语言栏上的键盘小图标，可以选择相应的输入法，也可以按快捷键切换输入法，按住 Ctrl 键再多次按 Shift 键就可以在输入法之间切换。

3.“开始”菜单介绍

操作计算机的一切都可以从“开始”菜单开始。单击桌面左下角标有“开始”字样的按钮，将弹出如图 3-16 所示的界面，我们称其为“开始”菜单，单击其中的某个图标即可启动相应的程序或打开相

常用菜单区

传统菜单区

退出系统区

图 3-16 “开始”菜单

应的文件或文件夹。

开始菜单分为四个区:用户账户区、常用菜单区、传统菜单区、退出系统区。不同用户的"开始"菜单与图3-16所示菜单形式不同,这是因为菜单会随着系统安装的应用程序以及用户的使用情况自动进行调整。用户也可以单击"开始→控制面板→任务栏和开始菜单",在弹出的对话框里设置开始菜单的模式。单击"开始菜单"可以选择"开始菜单"是"普通"的还是"经典"的。

◆用户账户区:显示用户在启动系统时选择用户名称和图标,单击该图标将打开"用户账户"窗口,可在其中重新设置用户图标和名称等。

◆常用菜单区:位于"开始"菜单左边,其中显示了用户最常用的程序和"所有程序"菜单项,单击就可以启动该程序。

◆所有程序(P):用户安装的所有应用软件、系统软件、工具软件和系统自带的一些程序及工具都可从这里启动,将鼠标移动到绿色箭头上,就会自动将下拉箭头展开。

◆运行(R):通过输入 DOS 命令来运行某些程序。

◆搜索(S):主要用于搜索计算机中的文件和文件夹。用户可以使用该命令按钮查找文件或文件夹(知道计算机中有此文件/文件夹,但是回忆不起来放在何处),单击该按钮就会在当前窗口的左侧出现搜索对话框,在"要搜索的文件或文件夹名为(M):"中输入要搜索的文件或文件夹的名称,在"搜索范围(L):"中输入要搜索的范围(D 盘代表只在 D 盘里边寻找),如果知道它的日期、类型、大小的话就单击前面的方格进行进一步的设置,这样查找速度就会很快。最后单击"立即搜索",计算机就会查找该文件或文件夹,查找成功的话就会在右边空白处显示出来。

◆帮助和支持(R):系统自带的帮助程序,用户在操作时遇到问题可以通过它来解决。

◆打印机和传真:显示系统添加的打印机和传真,并可以添加新的。

◆连接到(T)：显示网络的连接，也可以添加新的连接。

◆控制面板：主要进行整个系统的设置，在后面的章节将详细介绍。

◆最近打开的文档：显示用户最近一段时间打开过的文件或文件夹。

◆我的文档、图片收藏、我的音乐、我的电脑：和桌面上的图标一致，单击可以直接打开。

◆收藏夹：用户可以将登陆的网站添加到收藏夹里边，以后登陆的时候就可以直接从收藏夹里打开而不用记网址。

(二) Windows XP 的窗口操作

1. Windows 系统窗口简介

在 Windows 系统里边打开任何一个窗口（除程序、文件外），界面的命令按钮均一样。在这以"我的电脑"为例来介绍其功能，如图 3-17 所示。

图 3-17 我的电脑

◆ 标题栏:显示当前打开盘符或文件夹的名称。在其最右边有三个按钮分别为"最小化"、"最大化"、"关闭"按钮。单击"最小化"可以将"我的电脑"窗口最小化为任务栏上一个任务按钮;单击"最大化"可以将"我的电脑"窗口在非全屏状态改变为全屏状态,将整个屏幕铺满;单击"关闭"按钮则将当前窗口关闭。

◆ 菜单栏:"菜单栏"由"文件"、"编辑"、"查看"、"收藏"、"工具"和"帮助"组成。

◆ 工具栏:工具栏中的命令按钮实际上是常用菜单命令的快捷按钮,用户可以直接单击相应的按钮进行操作,如果按钮成灰色,代表在当前状态下是不可用的。以下分别介绍各自的作用。为了很好地说明"后退"和"前进"按钮的作用,我们先打开 D 盘下的 Data 文件夹,再打开里边的 Mucise 文件夹(以编者计算机为例),那么这时地址栏里面就会显示"D:\Data\Mucise"。

代表后退:由之前的假设,我们知道当前是在 Mucise 文件夹下,如果用户想后退到 Data 文件夹,就单击一下该按钮,单击 2 次就退回到 D 盘根目录下,也可以单击旁边的下拉小三角直接选择"D"就可以退回到 D 盘。

代表前进:意义和"后退"相反。

代表向上:单击该按钮可返回上一级窗口。

代表查找:这里的"搜索"和"开始"菜单里面的"搜索"是完全一样的。

单击该按钮在窗口左边就会出现一个层次目录,单击目录里边任何一个文件夹,在右边区域就会显示其中内容。

、 、 、 这四个按钮分别代表剪切、粘贴、复制、删除,用法和前边所述相同。

代表撤销:就是取消上一步的操作。

代表查看:单击下拉三角选择不同的预览方式就可以看到文件或文件夹不同的显示方式。

◆ 地址栏：用于确定当前窗口的位置，用户可以直接在地址栏里输入路径来访问本地文件或网络文件，比如在地址栏输入"D:\Data\Mucise"就可以直接访问 Mucise 文件夹。

2. 窗口的基本操作

Windows 操作系统对窗口的操作是最基本的操作之一，其中包括改变窗口位置与大小、在多个窗口之间进行切换及查找窗口内容等操作。

1) 改变窗口大小

除可以通过标题栏右端的窗口控制按钮（最大化和最小化）改变窗口大小外，还可以使用以下方法：

◆将鼠标指针移到窗口的左边框或右边框上，当指针变为一个双向带有箭头的图标时，按住鼠标左键不放向左或向右拖动，就可以改变窗口的宽度。

◆将鼠标指针移到窗口的上边框或下边框上，当指针变为一个双向带有箭头的图标时，按住鼠标左键不放向上或向下拖动，就可以改变窗口的高度。

◆将鼠标指针移到窗口的任意一角上，当指针变为一个双向带有箭头的图标时，按住鼠标左键不放进行拖动，就可以改变窗口的宽度和长度。

2) 移动窗口

当窗口处于非最大化和非最小化时，将鼠标指针移动到窗口标题栏上，按住鼠标左键不放并移动鼠标到合适的位置后松开鼠标左键，就可以将窗口移动到所需位置。

3) 切换窗口

在 Windows 中允许同时打开多个窗口，但是无论打开多少个窗口，只能有一个当前窗口。在多个窗口中标题栏成蓝色显示的即为当前窗口，此时其他窗口成蓝灰色。只有将某个窗口置为当前窗口后，才能对其进行操作。将一个非当前窗口切换为当前窗口的方法有以下两种：

◆如果该窗口未被其他窗口完全遮盖,单击该窗口任意位置即可。

◆单击任务栏上该窗口所对应的任务按钮即可。当前窗口的任务按钮在任务栏中呈凹陷状态。

(三) Windows XP 的常用操作

1. Windows 系统的常用操作

(1)新建文件夹:在桌面、驱动器(C 盘、D 盘)、文件夹空白处单击右键就会出现如图 3-18 所示的菜单。

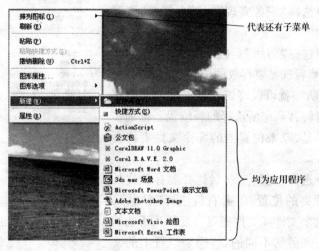

图 3-18　新建文件夹

◆选择"新建→文件夹"就可以创建文件夹并在此时对文件夹进行重命名。

◆选择"新建→快捷方式"可以对磁盘上任意一个文件或文件夹创建快捷方式。

◆选择"新建→Microsoft Word 文档"就可以创建一个 Word 文档(其他应用程序同理)。

◆选择"新建→公文包"就可以创建一个公文包(作用和文件夹

一样）。

在驱动器（C 盘、D 盘等）和文件夹里新建与上面方法相同。

（2）复制、粘贴、剪切、删除、重命名、属性。

上面几种操作是针对某一个文件夹或文件而言的（桌面上部分图标有些不同），在这我们以文件夹（文件也适用）为例说明。选中某个文件夹单击右键就会出现如图 3-19 所示的菜单。

◆选择"打开"就会将"网页三剑客"这个文件夹打开。

◆选择"资源管理器"就会打开"资源管理器"。

◆选择"剪切"后，该文件夹颜色就会变浅，然后选择要存放的位置，单击右键选择"粘贴"，就可以将该文件夹从原来的存储位置转移到您所选择的新位置。特别要注意的是，原来位置上的那个文件夹将会不存在。

◆选择"复制"，然后选择要存放文件或文件夹的位置，单击右键选择"粘贴"，那么这个文件或文件夹就会复制在所选的位置。和剪切不同的是，原来位置上的文件夹依然存在，只是将其"克隆"了一份而已。

图 3-19　文件夹单击右键

◆选择"删除"就可以将所选的文件或文件夹删除，这里的删除只是将该文件或文件夹转移到回收站里边，删除到回收站里的所有文件、文件夹、快捷方式均可以还原到删除之前的状态，具体的方法就是打开回收站后，右单击欲还原的文件，选择"还原"即可。如果选择"删除"，该文件就从磁盘上彻底删除了，就无法还原了，所以这一步需谨慎！用户还可以使用下边的方法将选中的文件、文件夹彻底一次性从磁盘上删除，具体方法就是单击要操作的对象后，先按住键盘上的"Shift"键，再按一下键盘上的"Delete"键，但是要提醒操作者的是,该操作删除的文件或文件夹是无法还原的。

◆选择"重命名"就可以对该文件或文件夹进行重新命名。

◆选择"属性"就可以查看文件或文件夹的位置、大小、创建的时间及文件的共享。右单击驱动器盘符(如 C 盘)选择属性可以查看 C 盘的存储状况,选择"格式化"就会将该盘上所有的数据全部清除,用户对这个操作要慎重,切不可对 C 盘进行"格式化"操作,否则就会毁坏系统!

◆选择"发送到"命令,就会展开子命令,可以将"网页三剑客"发送到子命令的选项里面。比如将其发送到桌面,还可以将其发送到 U 盘(相当于复制)。

2. 文件和文件夹的管理

管理文件和文件夹都是在"我的电脑"窗口中进行的,为了方便地查看文件和文件夹的位置,可以通过 Windows 的"资源管理器"来进行操作。

用鼠标右单击"开始"菜单按钮或"我的电脑",在弹出的快捷菜单中选择"资源管理器"命令,也可以通过快捷键打开"资源管理器"窗口,同时按住 Windows 专用键(键盘上左下角"Ctrl"键和"Alt"键之间的那个键)和字母键"E"。"资源管理器"的窗口和"我的电脑"窗口类似,只不过在窗口的左边多了一个目录区。在任意文件夹窗口中单击工具栏中的"文件夹"按钮,同样可以打开"资源管理器",如图 3-20 所示。

目录区以树形结构清晰地显示整个电脑中的磁盘、文件和文件夹的存放结构。在目录区最上边的是"桌面",称为根目录,根目录下可以设子目录,子目录下还可以设子目录,依次称为一级子目录、二级子目录、三级子目录等。

如果目录前面有"+"标记,表示其下还有子目录。单击"+"就可以展开该目录,同时"+"变为"-"标记,表示这一层内容已经打开,单击"-"可以将该目录又折叠起来。如果目录前面没有任何标记,代表该目录下面没有任何子目录。

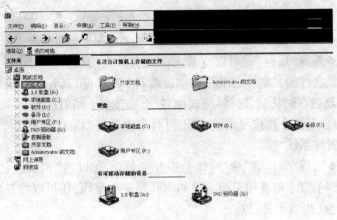

图3-20 "资源管理器"窗口

在"资源管理器"中要查看某个目录包含的内容时，只需在左侧的目录区中单击要查看的磁盘、文件或文件夹，窗口右边内容区中就会显示该目录下所有的内容。

在"资源管理器"窗口里可以对文件或文件夹进行多种操作，如打开、选择、移动、复制、创建、重命名、删除等。

3．选择文件或文件夹

◆要选择某个文件或文件夹，单击该文件或文件夹即可。

◆选择多个相邻的文件或文件夹，可以将鼠标指针移动到要选定范围的一角，然后按住鼠标左键不放进行拖动，这时将出现一个浅蓝色的半透明矩形框，当矩形框框住需要选中的所有文件或文件夹后释放鼠标左键，这样就把多个相邻的文件或文件夹选中，这时就可以对它们进行集体性操作。

◆要选择多个连续的文件或文件夹，可以单击第一个文件或文件夹图标，然后按住"Shift"键不放，再单击最后一个文件或文件夹图标即可选中。

◆若要选择多个不连续的文件或文件夹，单击第一个文件或文件夹图标后，按住"Ctrl"键不放，再依次单击其他需要选择的文件或文件夹即可。

　◆要选中当前目录下所有的文件或文件夹,直接按"Ctrl + A"即可。

　4. 程序的操作

　使用计算机完成某项任务,就要使用相应的应用程序。如要处理图片就要使用 Photoshop,要编辑文件就要使用 Word 程序等。虽然各个程序的功能不同,但是其安装、启动、退出与卸载方法大致是相同的。

　1) 安装程序

　要使用某个程序,首先要把它安装到操作系统中,安装程序(软件)并不复杂,一般的步骤是将光盘放入光驱,然后打开光驱盘符,找到 SETUP. EXE 文件并双击即可以启动程序的安装,以后的步骤按提示进行就可以了。某些光盘上有自动运行程序的功能,只要将光盘放入光驱里边,就会自动运行 SETUP. EXE 文件,有的程序在安装的过程中要求输入"序列号",打开光盘找到一个名为"序列号"或"SN"的文本文件并双击将其打开,把序列号复制、粘贴过去就可以了。如果安装程序存放在硬盘里边的话,只需找到存放程序的文件夹,将其打开找到 SETUP. EXE 文件双击即可启动安装。

　如果是从网上下载的程序(软件),安装方法和前面一样。如果下载的是 WinRAR 文件,则需要先将其解压缩,解压缩的方法是右单击 WinRAR 文件,选择"释放到当前文件夹",然后打开释放的文件夹找到 SETUP. EXE 文件,双击即可。

　2) 启动程序

　程序(软件)安装后一般会在桌面创建快捷方式,双击快捷方式就可以启动相应的软件程序;也可以单击"开始→所有程序",然后找到要打开的程序单击即可;也可以选择"开始→运行",在弹出窗口的"打开"下拉列表框中输入应用程序的文件名,最后单击"确定"即可。

3）创建程序的快捷方式

◆创建桌面快捷方式：在"我的电脑"里面打开安装程序的安装目录，选中程序的启动图标并右单击选择"发送→桌面快捷方式"命令即可。

◆创建"开始"菜单的快捷方式：单击"开始"菜单并选择"所有程序"，将鼠标指针移动到要创建快捷方式的程序图标上，按住鼠标左键不放，直接将其拖到桌面上即可。

◆创建快速启动栏的快捷方式：创建快速启动栏的快捷方式就是将某个程序的启动图标添加到快速启动栏中，每次启动计算机进入 Windows XP 系统后就会自动运行该程序，比如说把 QQ 添加到快速启动栏里边，我们每次开机进入系统后，QQ 就会自动运行打开登陆窗口。具体方法就是单击"开始→所有程序→启动"，将欲添加的图标直接从桌面上拖到"启动"窗口里面就可以完成了。

4）退出程序

退出程序有以下几种方法：

◆按"Alt ＋ F4"键。

◆选择"文件→退出"命令。

◆单击应用程序窗口标题栏右边的关闭按钮。

◆双击标题栏最左边的小图标。

第四章 我国农业网站建设

一、网站建设基础知识

网站不受时空的制约,且价格低廉,是 24 小时的广告窗口,有广阔的国内外发展空间和众多潜在的商业伙伴。在互联网上建立自己的站点,可以宣传自己的产品,发布自己的信息,促进产品销售。

一般来说,建网站有以下步骤:选择建站方式,包括自建网站、租虚拟主机、主机托管、申请免费主页、用动态域名技术建个人服务器等方式;如果是自置服务器,还需要安装和配置服务器、申请域名、制作网页、网页测试和发布等。

(一)网站建设前的准备工作

详细而周密的前期策划比具体的网页设计更为重要,有时可以收到事半功倍的效果。

1.目标规划

要根据自身现阶段的能力,确定网站的规模。是建立独立的网站服务器还是租用虚拟主机等,这主要关系到网站的后期维护以及网站的发展方向。在网站规划初期,还要进行市场调查,了解一下同类站点的发展、经营状况,吸取它们的长处,找出自己的优势,寻找一个好的出发点,也应考虑一下未来的发展方向。

2.建站策略

从网站定位、网站主题、估算网站费用等多方面进行分析,确定最终的建站策略,使建成的网站具有生命力,最终在白热化的竞争环境中脱颖而出。

(二)建站方式

建站方式一般包括申请免费主页空间、租用虚拟主机、主机托管、独立建站,还可利用动态域名服务建立自己的网站。

1. 建立自己独立的网站

要自己建立一个机房,配备专业人员,购买服务器、路由器和网管软件等,再向 ISP(Internet 服务提供商)申请专线和出口,由此建立一个完全属于自己的独立网站。在服务器上安装相应的网络操作系统,制作网页,设定各项 Internet 服务功能,包括 DNS、Web、FTP 服务器及建立自己的数据库查询服务系统。建立自己的站点很有必要,因为这样可以在真正意义上控制自己的站点,维护起来也比较方便,这适合于有较大信息量和功能的网站。

2. 租用虚拟主机

独立建站需要较大的投资,一年的运行费用较高,这在一定程度上制约了部分中小企业的建站进程。因此,可以选择 ISP 提供的比较经济的解决方案,其中最受中小企业欢迎的就是租用虚拟主机方案。

租用虚拟主机指租用 ISP 服务器硬盘空间。虚拟主机是使用特殊的软硬件技术,把一台运行在因特网上的服务器主机分成一台台"虚拟"的主机,每一台虚拟主机都具有独立的域名,具有完整的 Internet 服务器(WWW、FTP、E-mail 等)功能。虚拟主机之间完全独立,可由用户自行管理,在外界看来,每一台虚拟主机和一台独立的主机完全一样。

采用虚拟主机建站,优点是省去了全部硬件投资,缺点是不能支持高访问量,适合于搭建小型网站。通常这种方式一年所需费用仅上千元甚至几百元,受到众多企业的青睐。用户只需根据自身业务的需要,确定所需租用的硬盘空间大小和相关的增值服务项目即可。管理起来也比较容易,日常工作主要是网页上传和对电子邮件的处理。当然有的服务商还同时提供自助建站功能,可以根据需要选择网站模板、添加修改栏目、上传产品图片、添加修改内容,不需要懂网页设计工具,可以通过网站管理系统很轻松地建立和管理自己的网站。在租用虚拟主机时要看其服务、速度、响应时间等。一般选择有一定名气的服务商即可。

3. 主机托管

主机托管是指将网站服务器主机放到 ISP 的中心机房或数据中心,然后通过其他低速线路进行网站的远程管理和维护。主机托管适合于大中型规模的网站。

4. 动态域名与个人服务器的架设

1)动态域名解析服务

许多网站提供免费主页资源,个人可申请建立自己的主页,却因它们的不稳定等缺陷而带来一些遗憾。拉专线太贵,又不想租用虚拟主机空间,怎么才能拥有自己的服务器呢? 动态域名服务可以解决这个问题。

静态域名是指在 Internet 上的域名解析一般是静态的,即一个域名所对应的 IP 地址是固定的、长期不变的。而动态域名服务能实现固定域名到动态 IP 地址之间的解析。当你用 PSTN、ISDN、ADSL拨号上网时,你的 IP 地址是随着每一次拨号而动态分配的,每一次开机 IP 地址都不一样。动态域名不管你的地址怎么改变均指向你的地址,从而可以通过该域名为客户提供固定的服务。

只需要有一台能上网的计算机,到动态域名服务提供商网站上申请动态域名服务,下载并配置好他们提供的客户端软件之后,这台计算机马上就可以变成 Internet 上的一个网站服务器。无须申请主机托管、虚拟主机、专线等业务,也无须申请 Internet 上的合法 IP 地址,随时随地都可以在自己的电脑上进行网站开发,架设 Web、FTP、Mail 等 Internet 服务器,随心所欲地构建网上家园。

2)架设个人服务器

利用动态域名服务技术建立自己的个人网站,需要完成以下几个步骤:

需要有一台能够拨号上网或是安装了宽带的计算机。ADSL/ISDN/Cable Modem/普通 Modem 拨号上网均可。

在自己的计算机上安装网络服务软件。根据需要,可以把自己的计算机设置成 Web 服务器、FTP 服务器或者 Mail 服务器。

设置 Web 服务器:可以让朋友和用户访问自己机器上的个人网站。

设置 FTP 服务器:可以让朋友和用户访问到自己的机器并上传/下载文件。

设置 Mail 服务器:可以拥有自己的 POP3 和 STMP 服务。

到动态域名服务商网站上申请动态域名。对于拥有顶级域名但没有静态 IP 地址的用户,动态域名服务技术也可以把用户的动态 IP 解析到其顶级域名上。

在自己的计算机上安装动态域名服务商提供的客户端动态域名解析软件。

拨号上网并启动动态域名解析服务。

(三)域名的选择和注册

域名像品牌、商标一样具有重要的识别作用,一个好的域名会大大增加企业在互联网上的知名度。它被称为网络时代的"环球商标"。因此,如何选取好的域名就显得十分重要。

1.选择域名的基本原则

域名应该简明易记、便于输入,这是判断域名好坏最重要的因素。好的域名应该短而顺口,便于记忆,最好让人看一眼就能记住,而且读起来发音清晰,不会导致拼写错误。此外,域名选取还要避免同音异义词。域名要有一定的内涵和意义,如企业的名称、产品名称、商标名、品牌名等都是不错的选择。

2.域名选取的技巧

(1)用企业名称的汉语拼音作为域名。

(2)用企业名称相应的英文名作为域名。

(3)用企业名称的缩写作为域名。如果企业的名称比较长,可用企业名称的汉语拼音缩写或英文缩写。

(4)用汉语拼音的谐音形式给企业注册域名。采用这种方法的企业也不在少数,如新浪用 sina. com. cn 作为它的域名。

（5）以中英文结合的形式给企业注册域名。荣事达集团的域名是 rongshidagroup. com，前三个字用汉语拼音，"集团"用英文名。

（6）在企业名称前后加上与网络相关的前缀和后缀。常用的前缀有 e、i、net 等，后缀有 net、web、line 等。例如，域名 Ching-net. com。

3. 域名注册方法

著名域名注册服务机构有中国互联网络信息中心（www. cnnic. net. cn）、中华资源网（http：//www. zzy. cn）、中国万网（http：//www. net. cn），等等。登录它们的网站即可根据自己的需要申请域名。某域名注册网站上域名价格见表4-1。域名注册成功后还要到 http：//www. miibeian. gov. cn/这个网站进行备案。

表4-1　域名类型及参考价格

类型	费用	案例
CN 英文域名注册	120 元/年	域名类型：. cn、. com. cn、. net. cn、. org. cn、. gov. cn 等
国际域名注册	130 元/年	域名类型：. com、. net、. org 注册案例：hhnz. com
CNNIC 中文通用域名	280 元/年	域名类型：. 中国、. 公司、. 网络 注册案例：西单赛特. 中国
国际中文域名注册	280 元/年	域名类型：中文 . com、中文 . net 注册案例：中国万网 . com
通用网址注册	500 元/年	注册案例：草原兴发、玉溪红塔

（四）网页制作

网页实际是一个文件，它存放在与互联网相连的某一台计算机中。网页经由网址（URL）来识别与存取，当我们在浏览器中输入网址后，经过一段复杂而又快速的程序，网页文件会被传送到你的计算机，然后通过浏览器解释网页的内容，再展示到你的眼前。文字与图片是构成网页的两个最基本的元素，其他还包括动画音乐、程序，等等。

打开一个网站,在网页上单击鼠标右键,选择菜单中的"查看源文件",就可以通过记事本看到网页的文件内容。网页实际上只是一个纯文本文件,它通过各式各样的标记对页面上的文字、图片、表格、声音等元素进行描述(如字体、颜色、大小),而浏览器则对这些标记进行解释并生成页面,于是就得到现在所看到的画面。

1. 网页的类型

网页类型大体可分为静态网页和动态网页。

静态网页指的是用纯 HTML(超文本标记)语言来制作成的网站页面。通常以 .htm、.html、.shtml、.xml 等为后缀。静态网页的网址形式通常为:http://www.hhnz.com/html/resnews/20067/200677101205.html。

动态网页指在 HTML 中嵌套动态脚本语言(如 ASP、NET、PHP、JSP 等)来实现网站与浏览者之间的互动功能的页面,"动态页面"一般和后台数据库挂钩,来显示数据存储和查询。动态网页 URI 以 .asp、.aspx、.jsp、.pkp、.perl、.cgi 等形式为后缀,并且在动态网页网址中有一个标志性的符号——"?"。如网址为:http://www.hhnz.com/listpage.asp? classid = 10069。

网站采用动态网页还是静态网页主要取决于网站的功能需求大小和网站内容的多少,如果网站功能比较简单,内容更新量不是很大,采用纯静态网页的方式会更简单,反之就要采用动态网页。在同一网站上,动态网页和静态网页同时存在也是很常见的。

2. 如何制作网页

制作网页,首先要制作静态网页。静态网页制作无非是添加文字、添加图片、添加链接,经过简单的学习后,就会制作网页了。先学会使用 Dreamweaver 等工具制作 html 等静态网页,学会用 Fireworks 制作和处理图片,用 Flash 制作动画。

做好静态网页后,接下来的工作就是为网页添加动态效果,包括脚本语言和数据库程序的设计。要学习一些编程语言,主要有 Vb scrip 和 Java script,这两种编程语言都是做动态网页的基础语言,两者任学一个即可。学会了 Java script 语言之后,就可以着手学习

ASP 等制作了。这些动态网页都使用写字板或者 Editplus 等工具编写,通过 IIS 进行预览。当然,还需要学会一种数据库,如 Access 或 SQL Sever 等。

要想真正学好网页制作,要多买书看,再到网上去看一些实例教程。然后去找一些现成的 asp 等完整的网站源码去仔细研究。把这些东西研究透彻后,就可以尝试着自己编写一些东西了。

(五)网站的发布、测试、维护和推广

1. 网站的发布

有了域名、网络空间和网页后,就要将网页放到网络服务器上,大家才能真正在网络上看到。如果是自配服务器,只要把网页拷贝到服务器目录下就可以接受访问了;如果是申请的虚拟主机或免费空间,就要将网页传输到远方服务器上才可接受访问。目前,提供主页空间服务的商家一般用以下三种方式上传网页:E-mail、FTP 和 WWW,分别使用相应的软件,感兴趣的话,可以阅读相关书籍,本书不作介绍。

2. 网站的测试

在网站传到服务器之前和发布初期,对网页进行全面测试是必不可少的,因为不论在制作网页时多么小心,在实际网站的运行中都会出现这样或那样的问题。在实践过程中,至少要做浏览器兼容性、链接、外观、应用程序、速度、压力等几项测试。

3. 网站的维护

网站建好后并不是一劳永逸的,建好网站后还需要精心的运营才会显现成效。实践过程中要做好以下几个方面的维护工作:①网站内容要及时维护和更新;②网站服务与反馈工作要跟上;③网上推广与营销不可缺少;④不断完善网站系统,提供更好的服务;⑤做好网站备份,应对服务器发生的故障。

4. 网站的推广

网站发布成功了,要想让更多的人知道你的网站,还需要采用各

种办法进行宣传,如搜索引擎登录、商业邮件群发、相互链接、网上广告、在 B2B 网站上发布信息或登记注册、在新闻组或论坛上发布网站信息等都是行之有效的方法。但最经济、最有效的推广方法还是搜索引擎注册(有时也称为搜索引擎加注、搜索引擎登录、提交搜索引擎)。搜索引擎注册也就是将你的网站基本信息(尤其是 URL)提交给搜索引擎的过程。

二、我国农业网站的规模与类别

自 1996 年中国农业信息网建立以来,我国农业网站建设飞速发展。中央部委建立的垂直型农业网站、各级政府建立的农业网站和其他特色涉农网站纵横交错。政府相关部门、科研院所、高校率先起步,如中华人民共和国农业部建成了以中国农业信息网为核心、集20 多个专业网为一体的国家农业门户网站;中国农业科学院建立了"中国农业科技信息网";中华人民共和国科技部建立了"中国农村科技信息网"和"中国星火计划网";中国气象局通过"中国兴农网"建立了国家、省、市、县四级信息中心并延伸到乡镇服务站,形成了一个辐射全国的农村综合信息服务体系;中国组织部开展全国农村党员干部现代远程教育试点工作,建设了中心网站并延伸到省、市、县、乡镇,如安徽先锋网、贵州希望网、山东泰山网、湖南红星网等;各省市政府也组织力量相继建立了省、市涉农网站,如"安徽农网"、陕西"电子农务",等等。新农村建设引发了新一轮农业网站的建设高潮。其他如涉农企业、高校、媒体、农业协会、电信部门、信息服务企业也纷纷参与到涉农网站建设中来。

近年来,我国农业网站层出不穷,从承办者来分,有政府、涉农部门、科研院所和高校、农业企业、信息服务企业、新闻媒体、社会学术团体网站;从涵盖领域来分,有综合网站、行业网站、专业网站;从服务功能上分,有以资讯类服务为主的网站、以网上交易服务为主的商务类网站、以为企业提供建站推广为主要目的的网站。

三、农业网站的内容

不同的网站由于承办者、涵盖范围、服务功能不同，网站内容也有差异。总体上讲，我国的涉农网站包括农业相关政策、国内外农业动态、农业新闻、各地新经验等综合信息，农业种植、养殖、加工、农业气象等科技信息，农业新技术、新品种、新产品，农产品和农资市场动态、价格行情、市场趋势分析预测等市场信息，农产品和农资供求、网站商店、网上展厅等网上营销服务、农村劳动力转移、农村远程教育、网上论坛等。

四、专业农业网站的注册和使用方法

所谓专业农业网站，主要是一些与农业经营密切相关的网站。许多大型的网站上发布的信息比较全面，相对可靠，既有供求信息也有行业分析，针对性比较强。有些信息并不一定要注册以后才能看，为了吸引更多的人注意，多数网站会安排一定的免费信息。但是还有很多重要的信息需要注册成为该网站的会员以后才能阅读。下面以中国农产品贸易网为例，介绍如何注册会员和需要注意的事项。

一般网页都有会员注册的栏目，注册有免费注册，也有收费注册。付费注册以后所能看到的信息往往比免费注册所得到的信息更多、更全面，也更快捷。当然，免费注册以后获得的信息一般比不注册获得的信息要多。在中国农产品贸易网的主页上有一个很大的图片，标示着"免费注册"。下面简单介绍一下免费注册的操作。

（1）如图 4-1 所示页面中就有"我要注册"四个字。此外，在页面的最顶部和"会员登陆"栏目，也有"注册会员"的按钮，它们的功能都是一样的。

（2）双击"用户注册"，出现如图 4-2 所示的页面。

按要求依次填写各个栏目。其中，用户名栏目可以取一个自己容易记住的、拼写不很复杂的名字，在下次登陆的时候比较方便记起。密码按要求填写。用户名和密码是下次登陆时必填的内容，需

图4-1 会员注册首页

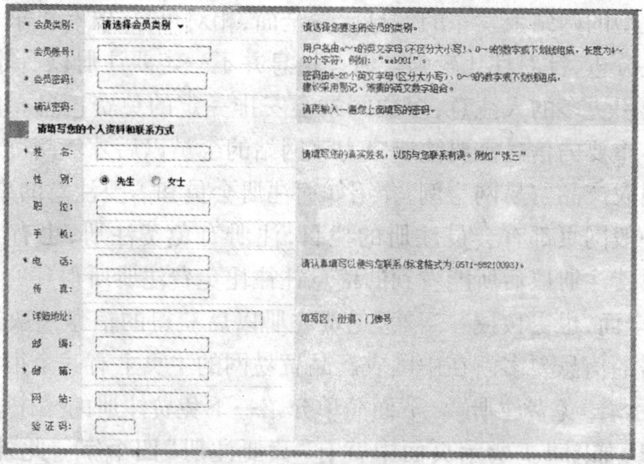

图4-2 会员注册信息

要牢记。所有的内容完成之后就可以点击"提交"。填写内容无误的话，就会提示你的注册已经成功，成为中国农产品贸易网的"农贸通"会员了。

当然，需要说明的是，通常来讲，收费注册的好处不仅在于可以获得更多、更全面、更快捷的信息,还在于能获得由网站提供的许多个性化服务。例如,如果是某农业销售网上的付费用户,该网站就会将你在网站上发布的供求信息和产品广告安排在信息栏目比较靠前的位置上,一旦有人点击该栏目就容易看到你的信息及产品广告。此外,有的网站也会根据你的需要,帮助收集网站中的信息并发送到你的邮箱。也有的网站会帮助用户策划广告和制定销售方案等,甚至可以帮助不便经常上网的用户代为发布信息。这种收费注册类型的网站比较适合农产品的生产达到一定规模的农民朋友或者农业企业。这类网站的费用相对较高,一般一年上千甚至几千元不等。例如,中国农业网的农商通提供诸如轻松发布、优先排名;第一时间享受平台所有商机;拥有智能化会员网站;享受特制的产品推广方案,全年 365 天 24 小时网上交易等服务。但是服务会员费也不低,这对于小规模经营的农民朋友来说是一笔相当大的支出了,所以要权衡利弊。

五、较有影响的农业网站介绍

(1)中国农业信息网(http://www.agri.gov.cn)。

中国农业信息网是由国家农业部主办的大型综合性网站,分政务区、资讯区和服务区三大版块。该网站的内容涵盖全国,实现了与国际和国内各省、市、县的网上信息交换,发布的信息也比较全面和权威,具有很强的指导性,已成为我国农业重要的信息网络服务系统。

(2)中国农业科技信息网(http://www.cast.net.cn)。

中国农业科技信息网由中国农业科学院主办,是中国最重要的农业科技信息网络,包括科学技术、科技资源库、政策法规、农业标准、成果与专利、科技咨询、农业网站搜索引擎等版块。有关农业科技方面的信息,尤其是数据库资源比较丰富。

(3)农博网(http://www.aweb.com.cn)。

中国农网于 1999 年创建,2003 年正式更名为农博网,是集行业在线媒体与专业性农业商务为一体的综合服务平台。

（4）中国兴农网（http://www.cnan.gov.cn）。

中国兴农网由中国气象局主办，是中国农村综合经济信息网系统的国家级中心网站，与各省、地、县级网站联网，并向乡镇延伸。

（5）中国农业网（北京）（http://www.zgny.com.cn）。

中国农业网创建于1999年，是根植于中国农业行业、集农业信息与电子商务服务为一体的行业网络平台。

（6）中国养殖网（http://www.chinabreed.com）。

中国养殖网由中国畜牧工程学分会和中国农业大学信息技术研究所主办，由北京华牧智远科技有限公司承办，拥有21个专业频道。

（7）中国畜牧业信息网（http://www.caaa.cn）。

中国畜牧业信息网由中国畜牧业协会主办，是畜牧业人士及时了解行业发展的信息渠道。

（8）中国饲料行业信息网（http://www.feedtrade.com.cn）。

中国饲料行业信息网由农业部饲料工业中心信息部主办，得到中华人民共和国科技部、中华人民共和国农业部、中国农业大学、加拿大国际开发署的支持与资助，是一个面向中国畜牧饲料行业的大型综合信息网站。

（9）中国饲料工业信息网（http://www.chinagfeed.org.cn）。

中国饲料工业信息网由中国饲料工业协会信息中心主办，是集饲料、畜牧、经济、市场、科技、政策、法规于一体的饲料行业专业性网站。

（10）金农网（http://www.jinnong.cn）。

金农网是集信息资讯、商务策划、顾问咨询、交易服务于一体的专业化、国际化的电子商务平台。

（11）中国国家农产品加工信息网（http://www.app.gov.cn）。

中国国家农产品加工信息网是农业部和国务院其他农产品加工相关部门对外宣传的龙头站点，是有关农产品加工的门户性、标志性网站。

（12）365农业网（http://www.ag365.com）。

365农业网以商务应用为主，通过搜索技术对农业信息进行整合，创建内容全面、操作简单、功能实用的搜索＋商务应用平台。

（13）中国蔬菜市场网——寿光蔬菜网（http://www.ching-vm.com）。

中国蔬菜市场网由山东寿光蔬菜电子交易市场主办，依托于国内最大的蔬菜批发市场——山东寿光蔬菜电子交易市场，运用最先进的电子商务技术，连接国内外的网上即时交易系统。可以说，中国蔬菜市场网是我国农业网站中真正实现电子商务营业模式的典型代表。

（14）中国棉花信息网（http://www.cottonchina.org）。

中国棉花信息网由全国供销合作总社棉麻局、全国棉花交易市场共同创办，于1998年6月试运行，1999年6月正式运行。

（15）中国农副网（http://www.nac88.com）。

中国农副网隶属于北京华灼新宇科技有限责任公司，是专门面向种养大户、农民经纪人、市场大户、生产基地、农副企业、农产品冷冻加工企业、农产品进出口企业、仓储物流企业开设的一站式涉农服务网站。

（16）天下粮仓（http://www.cofeed.com）。

天下粮仓由北京九州博信科技有限公司开通并运营，面向粮油、饲料行业生产企业、经销商及其他相关企业和机构，提供信息增值服务。

（17）园林在线（http://www.lvhua.com）。

园林在线原名上海绿化网，是目前上海及华东地区最大的园林绿化网站，也是中国园林绿化行业内公认领先的网上信息平台和交易平台。

（18）中华水果网（http://www.onfruit.com）。

中华水果网成立于2004年，为水果行业垂直门户网站，包含导购版和商农版，分别向爱果族、果商、果农提供水果行业信息、采购等全方位服务。

（19）山东畜牧网（http://www.sdxm.gov.cn）。

山东畜牧网是由山东省畜牧办公室主办、山东畜牧业信息中心承办的山东省最大的畜牧行业门户网站。

（20）中华粮网（http://www.cngrain.com）。

中华粮网（郑州华粮科技股份有限公司）是由中国储备粮管理总公司控股，集粮食 B2B 交易服务、信息服务、价格发布、企业上网服务等功能于一体的粮食行业综合性专业门户网站。

（21）中国林业信息网（http://www.lknet.ac.cn）。

中国林业信息网由中国林科院科信所建设和管理，提供林业科技信息收集、发布与查询服务。网上信息资源由 12 大类 30 多个数据库组成。

（22）中国水产网（山东）（http://www.shuichan.com）。

中国水产网由中华全国工商业联合会水产业商会主办，淄博网脉网络科技有限公司承办。

（23）中国化肥网（http://www.fert.cn）。

中国化肥网（简称中肥网）是国内领先的化肥行业门户网站，是集电子商务、信息服务、产品宣传和活动举办为一体的大型专业化服务机构。

（24）中国棉花网（http://www.cncotton.com）。

中国棉花网由中储棉花信息中心创办。根据会员需求，中国棉花网设有八个主频道：价格行情、产业观察、行业统计、棉花学校、手机短信、商务中心、棉花论坛、棉花期贸等。

（25）中国果品网（http://www.china-fruit.com.cn）。

中国果品网是由中国果品流通协会主办，面向果品生产、流通、贮藏、加工、消费的全国性果品行业垂直门户网站。

（26）中国农资网（http://www.ampcn.com）。

中国农资网由河南金光农业科技有限公司主办，提供及时、有效、可信的新闻、信息、咨询，致力于构建网上农资产品交易平台。

（27）中国畜牧兽医网（http://www.cahv.cn）。

中国畜牧兽医网由甘肃农业大学、中国农业大学等高校和科研院所、北京联耀科技共同建设完成，建有畜牧兽医人才数据库和企业信息数据库。

（28）中国农产品信息网（http://www.chineseagri.com）。

中国农产品信息网是由中国企业协会农业商会监制和主办，中国经贸集团全资组建，北京世录文化有限公司策划，并得到世界华人交流协会重点推荐的大型农产品行业服务网站。

（29）中国家禽业信息网（http://www.poultryinfo.org）。

中国家禽业信息网致力于成为家禽行业信息共享平台，用户可以免费浏览所有信息。

（30）安徽农网（http://www.ahnw.gov.cn）。

安徽农网由安徽气象局主办，主要包括农闲快讯、市场信息、农业科技、政策法规、商务天地、乡村驿站等六大版块以及短信服务。

第五章　农产品网络营销

一、传统农产品交易中存在的问题

我国农业已进入新的发展时期,农产品供求关系已经发生重大变化,随着生活水平的提高,人们对农产品的品质、品种多样性要求也日益提高。在这些压力的作用下,传统的农产品销售渠道(即从生产者到农产品经纪人,再到批发市场,然后到农贸市场,最后到消费者)使生产者难以适应市场竞争的需求,农业生产的风险加大。这种情况迫使农民必须尽快进行农产品销售渠道的创新。为了让读者更清楚地认识到营销渠道创新的必要性,下面从流通问题、管理问题、经营意识问题等多方面对传统农产品交易过程中多年来累积的问题进行进一步的描述。

(一)竞争过于激烈,流通环节过多

由于农产品的生产整体上缺乏统一的计划和管理,导致很多农产品产量严重过盛。由于某些品种的农产品供给超过了市场需求,导致产品积压甚至腐烂。在这种状况下,农产品经营户竞相压低价格,市场竞争日趋激烈,甚至出现增产不增收的状况,也就是俗话说的"谷贱伤农"。传统农产品供应环节过多提高了消费者最终的市场购买价格,有可能抑制部分市场需求。对农民来说,中间环节过多,再加上农产品的包装和运输条件比较落后,往往也会致使农产品的损耗加大。统计表明,我国的水果、蔬菜等具有保鲜要求的农产品在运输过程中的损失率高达25%～30%,而发达国家则控制在5%以下。这种巨大的差距正说明我国农产品在流通环节上的落后。

(二)各相关部门分割严重,管理混乱

批发市场是农产品走向市场必经的重要环节。农产品经营户、

批发市场管理者,加上地方各级行政主管部门各干各事,互不考虑。市场管理极为混乱,严重阻碍了农产品批发市场向高层次、高水平、标准化和现代化发展。同时,由于农产品批发市场涉及电力、城建、治安、土地、工商、税务等众多职能部门,市场主办单位的行政管理和职能部门的职能管理条块分割严重,从而出现了一系列问题。

(三)部分经营者法律意识淡薄,缺乏经营道德

由于缺乏法律体系的保障,行政规章制度不健全,很多农产品市场经常出现以次充好、假冒名牌等违法销售行为。农产品经营者的整体素质不高,在很大程度上导致了经营中不文明现象的发生。有些经营户不讲职业道德、强买强卖,阻碍了市场良好信誉的建立和良好风气的形成。

(四)缺乏产品品牌意识,产品没有特色

品牌像一面旗帜,是识别和区分农产品的重要标志,如著名的榨菜品牌"涪陵"、"鱼泉"等。同时,品牌是质量的保证和信用的承诺。这也是多数人愿意购买品牌产品的原因。我国多数农民,特别是落后地区的农民品牌意识比较欠缺,创造产品品牌的积极性不高,同类产品严重雷同,没有特色。我国市场上供应的全部农产品中,能成为国际知名品牌的商品不足 1% ,能成为国家级品牌的商品不到 5% ,能成为省级知名品牌的商品不到 10% 。

二、农产品网络营销的兴起

经过短短十多年的发展,互联网已经对我国社会和网民生活产生了深远的影响。互联网赋予了市场营销新的内涵与活力。一种以互联网为媒体,以全新的方式、方法和理念实施市场营销活动,使交易参与者(企业、团体、组织及个人)之间的交易活动更有效地实现新型市场营销方式的应运而生,它就是网络营销。

农产品网络营销又称为"鼠标 + 大白菜"式营销,是农产品营销的新型模式。它主要利用互联网开展农产品的营销活动,包括网上农产品市场调查、促销、交易洽谈、付款结算等。它产生于 20 世纪

末,目前已成为中国东部信息发达地区农产品营销最引人注目的一种模式。在一些乡村,农民已经通过互联网获取农产品需求、价格信息,上网发布农产品销售信息,并取得了良好的效果。农产品这种新型的"鼠标＋大白菜"网络营销商务模式与传统的商务模式相比,具有以下许多优点。

(一)增加交易机会

传统的交易受到时间和空间的限制。基于 Internet 的网络营销不但可以提供 24 小时交易机会,而且扩大了交易的地域。传统市场受时空限制,有节假日等因素导致的开市与闭市,而网络市场是没有闭市的,无论你生活在地球的什么地方,时差有多大,只要你上网,网络市场是随时向你开放的。传统营销活动的地域局限性很大,而网络销售是一种全球性活动,只要你的电脑上了网,你的信息互动范围就是全球性的。任何一个网民都可以是你的目标顾客,网上银行和速递公司还可以成为你在网上销售最强有力的助手,这有利于营销者扩大农产品市场空间。

(二)降低交易成本

通过以 Internet 作为信息通信媒体,可以缩短小农户与大市场间的距离,通信速度快,信息传播成本低。从促销成本看,进行网上促销活动的费用是传统广告费用的 1/10。从客户服务成本看,可以节约通信、交通、差旅人员等费用。

(三)减少农产品腐烂变质损失

农产品大多是生物性自然产品,如蔬菜、水果、鲜肉、牛奶、花卉等,都具有鲜活性、易腐性。在传统的营销方式中,流通过程由于时间长,导致农产品腐烂变质损失,而通过 Internet 这个通信媒体,农产品销售信息可以快速达到客户,使农产品减少销售占用的时间。

(四)有利于形成农业生产的正确决策

我国农业生产存在的一个矛盾就是"小农户"与"大市场"的矛盾,通过农产品网络营销,可以为农产和农业企业提供全方位的市场信息,农户和企业通过分析市场情况,形成正确的生产决策。在传统的农业生产和销售过程中,农户的信息主要来自于周围的人,对市场信息把握不准。由于信息不准确,导致生产决策的错误,农业生产中出现"少了喊,多了砍"的现象。

三、农产品网络营销的真实案例

利用网络销售农副产品取得巨大成功的案例已经有很多,国家现在也鼓励农业发展利用电子商务,下面就列举一些发生在我们身边的真实的案例,供农民朋友参考。

案例一:临县农民王小帮开网店创业的故事。

王小帮就是在淘宝网开店,卖的产品是吕梁特产五谷杂粮——黄豆、红枣、高粱米、玉米糁、花生、土豆粉条。所有货品都是王小帮在自家实景拍摄的,因为他卖的农副产品价格非常便宜,同时抓住了现代人更注重绿色、天然、无污染这个卖点,在淘宝网上取得了巨大的成功,现在王小帮的网上生意已经越做越大,产品包括红枣、小米、花生等30个品种,每月的销售额在5万~6万元。下一步,王小帮还有更大的计划——注册自己的商标和公司,做自己的包装,打造自己的品牌。王小帮的成功大大地带动了当地的一大批农民朋友参与到网络营销中来,给地方农业发展带来了很好的收益。

案例二:网上"冲浪"。

"赚钱新时尚,网上去'冲浪'"——这是时下流传在河南邓州不少农民嘴边的顺口溜。2004年5月,该市文渠乡岳洼村农民岳士宽在网上"冲浪"时,无意间发现洛阳、郑州客商求购栾树苗的信息,他想到村里几十万株栾树苗正在急寻买主,不由眼睛一亮,赶紧联系。几天下来,栾树苗全部销完,解决了村里的一大难题。事后,岳士宽粗略一算,自己净赚了2万余元。如今,这些拥有电脑的农民们有事没事总爱到网上去"冲一冲浪",或把自家的产品信息上网发布,或在网上搜寻商业信息,寻觅赚钱商机。据不完全统计,近年来,该市农民已在网上发布产销信息10万余条,获得种养信息3万余条,售出大棚蔬菜、辣椒近万吨,产品远销至浙江、四川、湖南等地。

案例三:盘锦河蟹网上卖。

2006 年 9 月,辽宁省盘锦市农民通过网络发布了河蟹丰产信息,在随后的产销订购会上,吸引了来自吉林、河南、江西、青海、浙江等省的商家。胡家镇河蟹养殖销售大户与外省河蟹经纪人签订了 2 000 多万元的订购合同,一下子盘锦蟹民的腰包鼓了起来。同时,胡家镇的河蟹已远销到俄罗斯、日本,盘锦河蟹瞬间远近闻名。胡家镇的蟹民兴高采烈地说:"真的没想到我们的河蟹销路能这么好,还能卖到国外,这多亏了互联网信息时代,这回多赚了很多钱,我也买电脑,上网去卖我们的河蟹。"

案例四:农民经纪人鼠标推销农产品。

"邱老板,我家的 2 000 多只鸭月底就可以出售了,麻烦你帮我联系一下买家……"钟山县英家镇的农村经纪人邱仲海每天都会接到这样的电话,他会仔细地把这些信息记录下来,再通过互联网发布信息。邱仲海坦言,自己常驻广州,为来自家乡的农副产品联系销路,年经纪销售额近 250 万元。据悉,目前在钟山县像邱仲海这样的农民经纪人还有很多,当地的农副产品通过他们销往全国各地。

钟山县工商局十分重视农民经纪人队伍的培养,在全县开展了"经纪活农"工程,重点培养适合当地优势农副产品衔接市场需求的经纪人,对他们进行系统培训,为经纪人施展才能搭建平台。

有了知识的农民经纪人,开始用互联网、电子商务等手段建立起自己的营销网络。钟山镇农民经纪人董富宏发现当地种植的贡柑、大头菜等农副产品在大城市销路看好,于是他就利用工商部门组织经纪人培训的机会,用心学习电脑知识,并通过互联网向外发布供求信息,很快就引来了浙江、上海、广东等地农产品经销商的订单。他幽默地说:"以前做经纪得东奔西跑,累死累活挣不了几个钱。现在尽管相隔千山万水,但只要鼠标轻轻一点、键盘轻轻一敲,什么都能推销,减少了成本,提高了效率,增加了收入。"

目前,钟山县农民经纪人已经成为一支拥有 3 000 多人的专业队伍。他们在全国各地建立了 100 多个销售网点,把本地生产的蔬菜、禽蛋、贡柑、鸡、鸭、蚕茧、大头菜等农副产品源源不断地销售到各大中城市,并带动了 36 个专业村、670 家专业户,年经济效益达4 600 多万元。

以上四个真实的案例说明,对农副产品来说,如果真正利用好网络这个销售平台,真的能带来非常好的市场销售业绩和回报。

四、我国目前发展农产品网络营销的障碍

虽然我国农业网站已形成一定规模,部分发达地区已经开始尝试农产品网络营销,但是由于我国整体经济实力比较弱,信息技术水平比较低,农业生产方式落后,农民素质不高,农产品网络营销还只能处于探索阶段。展望未来,我国发展农产品网络营销面临多方面挑战。

(一)电子商务基础薄弱

电子商务的发展程度与一个国家的经济实力、技术进步及政策、法律法规等各方面的因素都息息相关。我国电子商务起步晚,各方面的条件都不完善。我国网络基础设施建设比较滞后,已建成的网络的质量尚不能满足电子商务的要求;网上交易安全还不十分可靠;网上信用体制不健全,支付手段单一;物流配送系统规模小,效率不高;社会对电子商务的认识与应用存在偏差,人们的网络意识、电子商务意识淡薄,网上的消费习惯和消费体系尚未建立;我国的公共政策也未能跟上,存在一系列问题,如资费问题、隐私权问题、税收问题、法律问题等。这些都阻碍了农产品网络营销的应用与发展。

(二)产品生产与运销现代化水平较低

农产品网络营销要求网上交易的农产品品质分级标准化、包装规格化及产品编码化,要求农产品具有一定的品牌。然而,在我国目前农业产业化程度较低、农产品市场还未完全放开的情况下,人们的"品牌"意识比较淡薄,申请商标注册的农产品比较少。有些网站对农产品的标准化已做了一些尝试,但全国统一的农产品标准尚未出台。农产品作为实体商品,物流配送是关键的环节。农产品种类繁多,生产单位小,配送需求属多点次,物流技术难度高。农产品物流

配送需要高质量的保鲜设备、一定规模的运输设备和人力,需要大量投资,这对我国的农业企业和农业组织来说难度较大。目前,刚刚起步的农产品网络营销很多是以批发市场为基础发展起来的,而我国批发市场的前身基本上是集贸市场,规模小,组织化程度低,交易手段落后,法规不健全。发展农产品网络营销,物流体系的建设尚待推动。

(三)农产品网络营销人才缺乏

农产品网络营销离不开具有现代农产品知识、商务知识和掌握网络技术的人才。随着传统农产品商务模式向现代商务模式转变,传统农民也要向现代"网农"(E-farmer)转变。"网农"是指具备运用现代信息技术,从事农业生产计划、管理与运销的农民。他们通过网络掌握农业产销信息,包括气候资料、农业生产技术、农业经营管理、市场消费趋势、即时市场行情等,进而对农产品产销进行分析,快速回应市场变化,调整产销决策。在我国广大的农村,要培养这样一批现代"网农",还需一个过程。

(四)信息化意识与技术的缺乏

我国计算机的用户在全球已是最多的,但是上网用于经济活动的人很少。除少量从事商务活动的人外,多数人还没有意识到现代设备和网上资源的重要性,还没有意识到商机就在身边,却不断让商机从身边溜走,农民就更为严重。多数农民不但不会用计算机,而且不懂得网络信息与他们增收致富的密切关系。他们不懂信息,不知道掌握信息,不会利用、收集和发布信息,普通市民也存在这一问题。

五、我国发展农产品网络营销的对策

(一)加强农村信息网络建设

当前我国农业生产水平差异较大,经济发展不均,在农村信息网络建设上应有针对性。在经济发达、农民素质较高的地区,应积极发展互联网络,采取各种措施,鼓励和帮助农民上网,接受网络信息服务。在农民素质较差、经济较落后地区,应依托目前较为普及的电话网、电视网、广播网,大力发展广播电视和通信工程,进行农村三网(计算机网、电话网、电视网)合一的研究与示范。在此基础上,开发依托于上述网络的、农民适用的信息获取技术,搭建多种形式的信息服务平台,直接面对农民,提供信息咨询服务,提高农民的信息应用能力。

(二)政府引导发展农产品网络营销示范体系

先进的经验表明,没有政府的参与和大力支持,农产品网络营销是难以顺利推进的。台湾省在 21 世纪初就制订了"一加五"计划。其中"一"是指构建包括花卉、蔬菜、水果、家禽、肉类和渔产品等六大类"农产品行情报道全球资讯网"。"五"指选定台北农产运销公司网络批发交易系统、台北县"农会超市联采系统"、"真情百宝乡"农产食品行销资讯网站系统、台湾观赏植物运销合作社网络交易系统、桃园县农会网络商城系统等五个系统,构建网络营销示范组织体系。通过示范体系建设,可以以点及面,逐渐改善农产品交易品质,建立分级标准化与商品化制度,促进形成现代化交易市场。

(三)采取各种措施培养新一代"网农"

农民素质是我国农业现代化的关键,也是农产品网络营销发展的重要因素。首先,要从农业现代化的长远目标出发,制订详细的规划,采取具体措施,有步骤、分阶段,踏踏实实地提高农民的文化知识水平和农业技术水平。在此基础上,对农民进行信息技术和网络营销培训,教育农民使用和掌握检索网络信息及网上交易的方法与技术,提高农民的信息素质和技术水平,改善农产品网络营销应用的社会基础。

(四)重视农产品网络营销的条件

农产品网络营销是现代信息技术在商务活动中的应用,开展网络营销需要一定的支持条件,包括农户和企业外部的基本环境与内部的基本条件。广义地讲,网络营销的外部环境包括网络营销基础平台以及相关的法律环境、政策环境、一定数量的上网企业和上网人口、必要的互联网信息资源、农产品品质分级标准化、包装规格化及产品编码化程度等。内部条件主要是指农户或企业开展农产品营销所应具备的基本条件。

第六章 如何在网上销售农产品

一、网上销售的一般程序

无论是农产品还是其他交易对象，就一般网上交易而言，其流程大致分为交易前、交易中和交易后三个阶段。

交易前主要指买卖双方和参加交易各方在签约前的准备工作，包括通过各种网站寻找交易机会、通过交换信息来比较价格和条件、了解各方的贸易政策、选择交易对象等。交易前主要分为两步：一是买方根据要购买的商品，准备好购货款，然后制订购货计划，进行市场调查和分析，并反复进行市场查询，确定和审批购货计划，再按计划确定要购买商品的种类、数量、规格、价格、购货地点和交易方式等，特别是要利用各种电子商务网络寻找自己满意的商品和商家。二是卖方根据自己要销售的商品，全面进行市场调查和市场分析，制订各种销售策略和销售方式，利用互联网和各种电子商务网络发布商品广告，寻找贸易伙伴和交易机会，扩大贸易范围和商品所占市场的份额。

交易中包括交易谈判和签订合同及办理履约前的手续等。交易包括两个步骤：一是交易谈判和签订合同。这一阶段的主要内容是买卖双方利用网络系统对所有交易细节进行网上谈判，将双方磋商的结果以电子文件形式签订贸易合同，明确在交易中的权利，所承担的义务，对所购买商品的种类、数量、标的、交货地点、交货期、交易方式和运输方式、违约和索赔等合同条款，合同双方可以利用网络通过数字签名等方式签约。二是办理履约前的手续。这一阶段主要指买卖双方签订合同后到合同开始履行前办理各种手续的过程，即双方贸易前的交易准备过程。交易中要涉及中介方、银行、金融机构、信用卡公司、海关、商检、税务、保险公司、运输公司等部门,买卖双方要利用电子商务与有关各方进行各种电子票据和电子单证进行交换,直到办理完所用手续。

交易后包括交易合同的履行、服务和索赔等活动。这一阶段是从买卖双方办完所有各种手续之后开始的,卖方要备货、组货,同时要进行报关、保险、商检、取证、信用评估等,并将买方收购商品交付给运输公司包装、起运、发货,买卖双方可通过商务网络跟踪。

电子商务是比较成熟和高级的网上销售形式。我国国内多数农产品销售网站或者贸易网站还处在初级阶段,涉及网上电子交易的情况还非常少。许多农产品企业网站并不具备网上销售产品的条件,建立网站主要是把其作为发布产品信息的一个渠道,通过网站推广,实现产品宣传的目的。因而,可以说,当前所谓的农产品网上销售多数情况下是为以网络为平台的买卖双方各自寻找信息,然后网下实现钱物交换的过程。这个过程比真正的电子商务交易过程简单得多,通常包括以下几个步骤。

(一)在线注册

选定网站进行注册之后就可以享有网站提供的各种农产品供求及农业技术等信息。同时,作为网站会员可以更好地要求网站保障会员利益及享受网站提供的更加完善的服务。会员有两种:一般商务企业会员和个人会员。通常只有会员才有在网上发布各种产品信息的权利。

(二)发布产品信息

登录后,进入公共信息发布栏目,按要求填写产品介绍等相关资料,或者上传产品的证书照片。企业和个人的联系方式通常不需要再填写,因为在注册的时候已经详细填过,如果有客户需要联系方式等资料的话,直接点击企业和个人名称通常就可以得到。一旦联系方式更换,要尽快更新企业或个人资料。当然,也有网站要求每次发布信息的时候重新填写联系方式。产品发布完成后,在网站的供求信息栏就会出现所填写的信息条目。如果填写完成后发现资料有纰漏或者错误,需及时返回填写栏目进行编辑更正。

(三)订单管理

其实多数的农产品网上交易还不会涉及或者很少涉及订单管理,较多的时候就只是在网上和客户进行交流与沟通。对发布的产品信息感兴趣的客户可能会留言,进一步详细询问产品的信息,或者在产品价格方面进行再商量。这是比较初级的接触。客户的问询信息多数直接反映在产品信息条目下方,也有的是发送到企业或者个人邮箱中。若想达成交易,比如最后价格和产品种类的敲定、送货方式的谈判等一般还是通过网下联系,货款的寄送也往往是在网下约定的。部分农产品企业网站有专门汇款账号,交易达成以后,要与对方进行账号确认,收到货物,然后汇款。例如,某茶叶公司对网上订购和订单查询作出如下规定:

(1)网上订购的服务对象是本网站注册会员。

(2)订购确认信一般在2个工作日内寄出,请您注意查收。

(3)请您在订购后的15天内付款,否则将取消您的订单,并降低您的信用度。如果有特殊情况,请您及时与我们联系并说明原因。

(4)请在汇款单或电汇单中注明订单号、送货方式和所购产品,以便我们及时发货。如果需开发票,也请在订单和汇款单的备注中注明。

(5)货到付款的送货时间是周一至周五的10:00~17:00。

(6)本茶叶公司负责产品售后服务和技术支持。

订单生成之后,在发货和配送阶段,可能会由于网站本身的工作失误造成交易在最后时刻无法完成。最典型的问题是产品质量有问题、产品与网站的介绍不相符、产品与顾客订单要求不相符、包装有问题、不能按时进货等。要解决这些问题,要对在网上所售产品质量及服务质量进行严格把关。要保证网上销售取得好的业绩,就必须拥有优秀的物流配送系统。同时要做好售后服务工作,清楚、明白地告诉顾客:什么条件下可以退货,退货后多长时间可以收到货款,往返运费由谁承担等。这样,既有助于打消顾客购物的疑虑,又能增加顾客对网站的信任度，从而强化客户对网站及产品的忠诚度。

此外，在网上销售过程中需要特别注意的还有以下几个方面：

（1）买家咨询要及时回复。最好在 2～4 小时之内回复、答疑、解惑。

（2）商品描述要与实际一致，实话实说。

（3）不要在买家联系你之后再发信联系。应该首先用电子邮件联系或电话联系，先取得对方的信任。哪怕稍稍迟些发货，买家也不会抱着上当了的恐惧心理，第一印象也是今后合作的基础。

（4）不要担心电话费用而不接买家电话，也不要给买家留下一个小气的印象。最好办一个收费合算的移动电话，便于对方能随时联系到自己。

（5）不要填写虚假的城市、姓名，因邮寄时对方很容易发现，在这种买卖双方不见面进行交易的背景下，很容易让对方产生不信任感而随时取消交易，或者影响下次的合作。

（6）可以采取薄利多销的办法，建立长期合作关系。在价钱上不要过于计较。但对购物款，哪怕多出一元钱也要退还给买家。

二、发布和查询供求信息

许多农业网站都提供免费的供求信息发布功能。大部分网站要先注册成为会员，登录后才能发布信息。下面以"一站通"为例讲述会员注册和发布供求信息。

（一）注册会员

（1）打开"一站通商机服务"页面（http：//gongqiu. agri. gov. cn），如图 6-1 所示。

（2）在右侧用户登录窗口下面，单击"注册"，弹出"注册会员服务条款"页面，仔细阅读条款，单击"我接受"，弹出填写会员资料的页面，如图 6-2 所示。

（3）单击选择会员类别如个人会员（如图 6-3 所示），然后按照提示填写用户名、密码及其他会员资料，带红星号的项目必须填写，

图6-1　一站通主页

国家农业综合门户网站通行证

请注意:带有"*"的项目必须填写!

请选择您的用户名:

通行证名称: huixianbo2010　　非中文的任意字符

请填写个人信息:(以下信息对保护您的帐号安全极为重要,请您谨慎填写并牢记)

* 选择密码规则: 一般用户密码规则　　必须为8位或8位以上的非中文字符。

* 登录密码: ●●●●●●

* 重复登录密码: ●●●●●●

* 行政区域: 河南省　郑州市　中牟县

输入右图中的文字: xcpv　× c P v 换一张图

☑ 我同意《国家农业综合门户网站通行证服务条款》

下一步

图6-2　注册会员

用户名和密码一定要记住。单击"提交",成功后会提示已经注册成功。如果输入的用户名别人已经注册过,提示返回,重新注册。

(二)发布供求信息

1.发布供求信息

在"一站通商机服务"页面右侧用户登录区,输入刚申请的用户名和密码(即会员代号和密码),单击"登录",打开"供求信息在线发

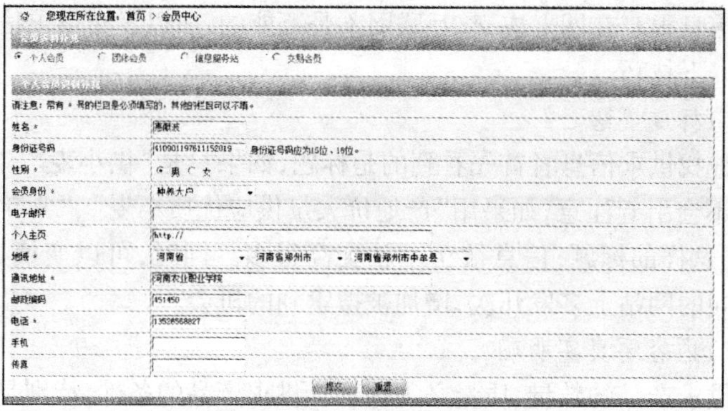

图6-3　个人会员信息填写

布"页面(如图6-4所示)。按照提示填写完整和准确的供求信息资
料(带＊号部分必须填写),包括信息类型、产品类别的选择,填写标
题、关键词、内容,并可上传产品图片,选择登载的有效期限,确定供
求开始日期,输入验证码,然后提交。提交成功后会提示,将在一个
工作日内审核后发布你的信息。

图6-4　供求信息在线发布

2. 网上发布信息的技巧

网上能否达成成交意向,本质上还是取决于信息的内涵,没有价

值的信息很难在网上成交,互联网不是万能的,所以发布供求信息要注意以下技巧。

1)标题要醒目

查找供求信息者首先看到的是标题,如果只是"供小麦"、"求玉米",不会引起注意,如果用"产地价大量供应优质小麦"、"常年收购玉米"这样的标题,信息被访率就会高很多。同时,可以变换标题,在不同的网站上多发几次,增加被搜索到的机会。

2)内容要真实明确

供求产品的数量、质量必须明确。供求产品的条件,特别是优惠条件必须写清。联系人、联系方法要真实,这样的信息才有效。

3)要给出合理的价格

要详细填写信息内容,过于简单,可能没有人和您联系。很多人写价格面议,没有给出参考价格,结果失去一批可能的买主。现在是买方市场,几乎什么都有很多供货方,买方只有在认为你的价格相对比较便宜时才会和你联系,如果你不提供价格,买方还要打电话查询,所以大多数人不会和没有价格的供货方联系,你也就失去了讨价还价的机会。再说现在已经很少有买方不知道行情而赚取暴利的机会了,初次做生意主要应该是结交新客户,发展长期合作。

4)选择正确的栏目(或类别)

在发布供求信息时,一般要求选择是供应还是求购,并选择是什么类别的产品供求信息,以便于用户检索。因此,要正确选择供求信息的供求类别和产品类别,增加信息成交的可能性。如果你想发布畜牧类产品供求信息,却在苗木类中发布了,而浏览苗木类信息的用户是不需要畜牧产品信息的,这就减少了生意成交的机会。

5)要采取多渠道、多手段发布信息

同一条信息可以同时在权威的综合网站、行业网站、专业网站等多个网站上发布,以扩大影响面,增加信息的点击次数,增大成交的概率。

除发布供求信息外,还要利用某些农业网站提供的网上展厅和网上店铺、加入企业库、加入产品库等多手段宣传和推广。

（三）查找供求信息

1. 查找供求信息

在"一站通"页面（如图6-5所示），可以浏览相应的供求信息标题，然后单击某个标题，就可看到详细的内容。还可以通过一站通提供的供求信息查询功能搜索需要的供应或求购信息。点击供求信息标题，在"关键词"文本框中输入要查找信息的关键词，如梨、西瓜等，然后在后面的列表框内，依次选择供应或求购、农副产品种类、省份、有效时间，最后单击"搜索"按钮，就可显示出相应的供求信息列表，供你浏览查看。

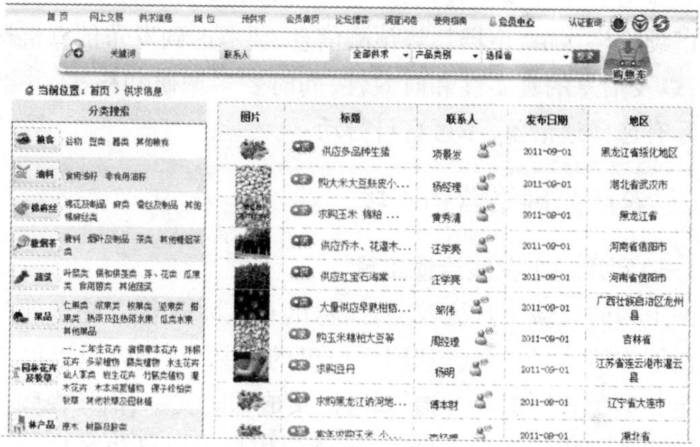

图6-5 供求信息查找

2. 农业信息的甄别和处理

有人说："网络世界，是自由的没有警察的国度，没有地域、国家之分。"网络世界法律法规还很不健全，导致信息质量参差不齐，陈旧过时、劣质虚假、转抄的信息掺杂其中，因此我们要对网上信息作认真鉴别和分析。

1）到权威网站上去查找信息

由于农业信息的广泛性、复杂性、特殊性，查找农业信息，一般应登录相关的权威网站,在网站内进行查找。由于网站的背景不同,信息的来源不一样,信息的权威性、科学性、真实性也是有差异的,因此要到如国家有关部门、科研院所、本身具有此行业管理和经营背景的企事业单位建立的网站查找需要的信息。

2) 从不同的角度去分析和鉴别信息

对科技信息、新品种信息,要从不同的角度进行筛选。科技类信息、种植新品种信息要兼顾科学性、权威性、地域性和本地气候,从农业科研院所等正规权威机构网站搜寻此类信息,要咨询当地农业专家,也可上网咨询网上农业专家。

3) 市场行情要慎重核实,经营类信息要鉴别真伪

市场价格行情、市场趋势预测信息,要考虑到发布信息机构的权威性,以及信息的真实性和时效性,同时要多调研和核实,并结合当地实际有选择地借鉴,不可盲目行动。

三、农产品网络营销手段

(一) 利用网上在线洽谈工具

网上即时交谈工具比较多,如腾讯 QQ、MSN 等。许多商务网站也提供了在线洽谈工具。如阿里巴巴的贸易通,是阿里巴巴为商人量身定做的免费网上商务沟通软件,集成即时文字、语音视频、邮件、短信的商务沟通和客户管理工具,能帮用户轻松寻找客户,发布、管理商业信息,及时把握商机,随时洽谈做生意。下面介绍贸易通的下载、安装、注册、使用。

1. 下载

进入阿里巴巴主页,单击右上角的"阿里旺旺"链接,进入阿里旺旺下载页面。在页面右侧单击"立即下载正式版本",出现"文件下载"对话框,单击"保存"按钮,弹出"另存为"对话框,然后选择一个地址(要记住保存的地址),点击右下角的"保存",单击"运行"(如图 6-6 所示)。

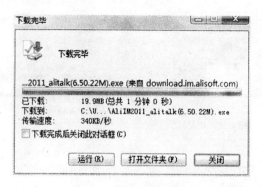

图6-6　阿里旺旺下载

2. 安装

出现初始化界面,片刻后弹出"欢迎"对话框,单击"下一步"出现"许可证协议"对话框,单击"我同意"出现"选择目标位置"对话框,单击"下一步"出现"选择程序管理器组"对话框,单击"下一步"出现"开始安装"对话框,单击"下一步"开始安装,安装完毕后出现"完成"对话框,单击"完成"即可。

3. 注册、设置和登录

阿里旺旺安装完毕后,会自动运行(如图6-7所示)。如果是阿里巴巴网站的会员,请输入用户名和密码进行登录。如果不是会员,需根据注册向导的指示,完成注册新用户的过程:单击下部的"免费注册"弹出"贸易通注册向导",填写基本资料,点击"下一步",填入选填高级资料,点击"下一步",进入注册确认,单击"完成"。片刻弹出"新手上路设置"对话框,按提示进行操作,完成后,自动登录贸易通的界面(如图6-8所示)。

4. 与联系人交谈

如果想与某个联系人交谈,在工作窗口中选择该联系人,双击它即可打开对话窗口(如图6-9所示)。可以用文字、视频通话和语音通话。在下面的窗口中输入文字,单击"发送",文字就显示在上面的窗口中,对方就可以看到。

图 6-7 阿里旺旺登录

图 6-8 阿里旺旺对话

图 6-9 与联系人交谈

（二）利用网上展厅推销农副产品

积极参加网上农产品交易会和博览会。如中国农业信息网的"网上展厅"，安徽农网上的"商务天地"版块中的网上农展、精品展示等。

（三）利用网上店铺促销

有的农业商务网站有智能自助建店（站）服务，在申请成为会员后，提供网上店铺或二级域名网站服务，可以介绍公司情况、经营范围、产品信息并可上传产品图片。操作非常简单方便，只要按照提示，上传资料和产品图片即可，只需要几步操作，系统就会自动生成网店（站）。当然有的收费，有的免费。本章第四部分就以淘宝网为例，介绍建立网上店铺的操作步骤。

（四）设计主页或建立网站

上面已经讲过，许多农业网站提供智能建站系统，可以很方便地建立自己的网站如二级域名网站，链接到该网站上；也可以申请虚拟空间，建立自己独立域名的网站，服务商会提供网站设计等服务，只要平时更新信息就行了。

如果有资金和实力，可以自己独立建站宣传公司、推介产品、发布新闻和产品信息。具体建站知识见第四章。

四、网上开店实际操作

虽然说把农产品通过网络销售有很多方法，但是最实惠、最有效的方法只能依托现成的网络平台，花最少的钱把产品销售出去。因为作为农民来说，不可能有那么多的资金开一个属于自己的电子商务网站进行农产品销售，下面我们以在淘宝网上开店为例，详细介绍如何在网上开店，如何销售东西。

要在淘宝网上开店，不同的时间有不同的要求，因为淘宝网在不断地变化，但总的思想不变。淘宝网开店有收费和免费两种，要免费开店，需要满足三个条件：第一，注册会员，并通过认证；第二，发布10件以上（包括10件）的宝贝；第三，为了方便安全交易，开通网上银行。

通常情况下，在淘宝网上开店需要在淘宝网上注册、支付宝实名认证、通过淘宝考试、完成店铺设置就可以了。下面以图示的方式来讲述在淘宝网开店的流程(如图6-10所示)。

图6-10　淘宝网开店流程

(一)淘宝账户注册

　　淘宝网上开店买卖产品,需要注册两个帐户,即"淘宝账户"和"支付宝账户"。淘宝账户可以买卖东西,对买家和卖家进行管理,对以后开的店铺进行管理;支付宝账户相当于在淘宝网上开的银行账户,可以对买卖的东西进行付款和收款。所以,一开始要完成这两个账户的注册。

　　目前,注册淘宝账户的方法有两种:使用手机号码注册和使用邮箱注册。使用手机注册很简单,是一种快速注册方式,只需要用手机编辑短信"TB"到"1069099988",根据短信提示操作,就可完成注册。下面以邮箱注册为例讲解。

　　第一步:打开浏览器,输入 http://www.taobao.com,打开淘宝网,点击"免费注册",如图6-11所示。

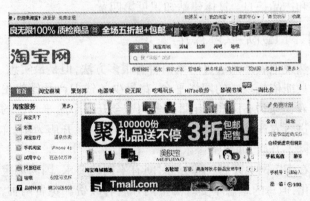

图6-11　淘宝网

　　第二步:进入注册页面后(如图6-12所示),填写账户信息,填完之后点击"同意以下协议并注册"。进入图6-13所示页面,这时可以选择是用手机验证还是使用邮箱验证。使用手机验证时,该手机号码必须是没有在淘宝网上注册过的号码。点击使用邮箱验证。进入图 6-14 所示页面。输入没有用过的邮箱点击"提交"进行验证。同时,勾选"同意《支付宝协议》,并同步创建支付宝账户",进入欢迎界面,此时淘宝注册完成。

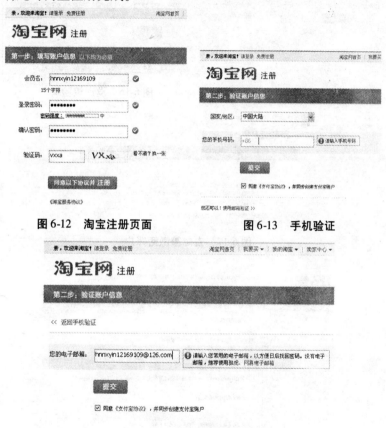

图 6-12　淘宝注册页面　　　　　　图 6-13　手机验证

图 6-14　邮箱验证

弹出图 6-15、图 6-16 所示的对话框后,输入手机号码获取验证短信,获取短信后输入短信,点"验证"进入图 6-17 所示界面,点"去

邮箱激活账户"进入图 6-18 所示界面,按上面的提示点击"完成注
册"按钮即进入图 6-19 所示界面。

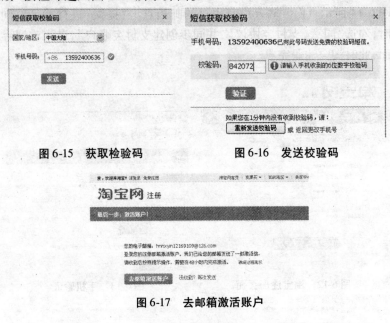

图 6-15　获取检验码　　　　　　　　图 6-16　发送校验码

图 6-17　去邮箱激活账户

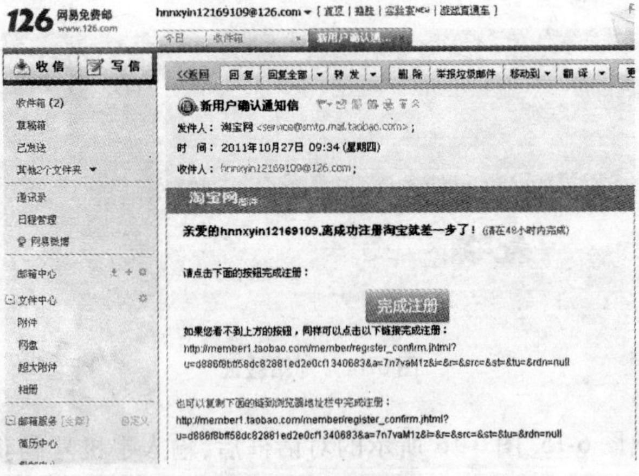

图 6-18　完成注册

图 6-19 注册成功

　　至此已经完成淘宝账户注册任务，必须记好注册的淘宝账户名及同时注册的支付宝账户名。下面讲解支付宝账户的认证。

（二）支付宝账户认证

　　支付宝账户认证流程如图 6-20 所示。

图 6-20 支付宝账户认证流程

　　第一步：点击淘宝网"我的淘宝"（见图 6-21），出现"我的淘宝"

图 6-21 点击淘宝网"我的淘宝"按钮

页面(见图 6-22)。

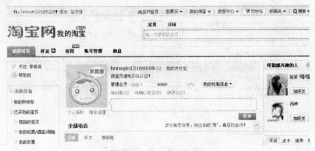

图 6-22　"我的淘宝"页面

　　第二步:选择"我的淘宝",再选择"实名认证",会弹出让完善支付宝账户的页面,这主要是因为前面注册淘宝时只是同时注册了个支付宝账户名,对支付宝账户的信息没有设置完,如果当时设置过,就不会出来了,直接进入实名认证步骤。下面将对支付宝账户进行信息完善,如图 6-23、图 6-24 所示。

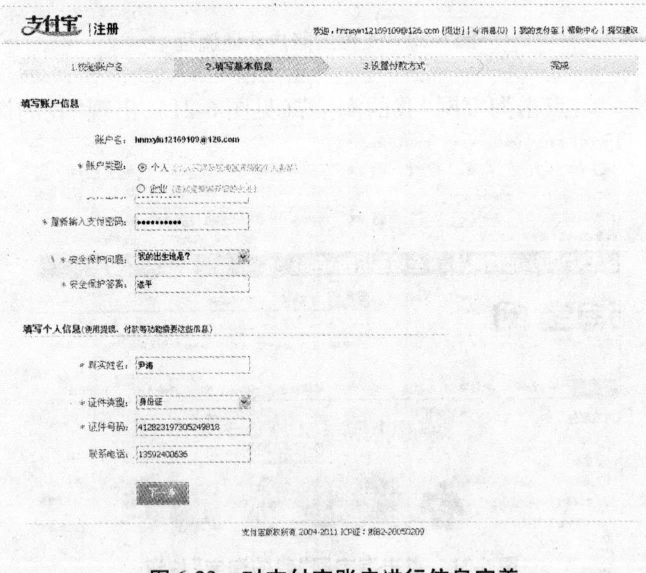

图 6-23　对支付宝账户进行信息完善

图 6-24　支付宝补全信息成功

至此支付宝账户已经补全信息。可以重新进入淘宝页面,点"我的淘宝"会出现如图 6-25 所示的页面。

图 6-25　我的淘宝

第三步:点"申请支付宝个人实名认证"进入图 6-26 所示界面,点"立即申请"按钮,如图 6-26 ~ 图 6-28 所示。

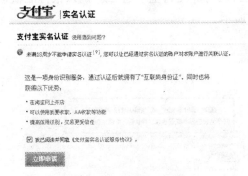

图 6-26　支付宝实名认证

图 6-27　银行汇款认证

图 6-28　填写个人信息

第四步：可以选择"支付宝卡通"或"确认银行汇款金额"进行认证，如图 6-29 所示。

图 6-29　以"确认银行汇款金额"进行认证

第五步：正确填写相关信息，如图 6-30、图 6-31 所示。

图 6-30　填写信息

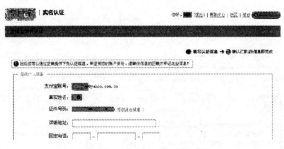

图 6-31　确认汇款的信息

第六步：确认信息，如图 6-32 所示。

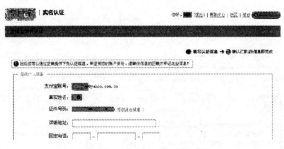

图 6-32　确认信息

第七步:认证成功,如图 6-33 所示。

图 6-33　认证成功

(三)我要开店

第一步:登录淘宝,进入"我的淘宝"点击"我要卖",如图 6-34 所示。

图 6-34　点击"我要卖"

第二步:此时你可以选择"一口价"方式发布产品,如图 6-35 所示。

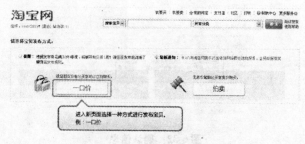

图 6-35　"一口价"方式发布产品

第三步:在"一口价"时要选择好商品的类目,便于别人查找到你发布的商品,如图6-36 所示。

图6-36　选择商品类目

第四步:对商品的详细情况,从宝贝基本信息、物流信息、其他信息几方面按要求进行填写,如图6-37 所示。

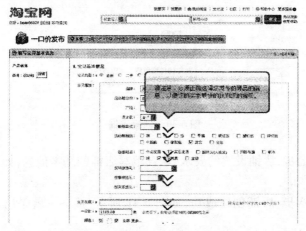

图6-37　填写商品的详细情况

第五步：以同样的方式发布 10 件宝贝，为店铺开设做准备，如图 6-38所示。

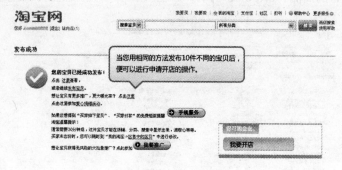

图 6-38　发布商品

第六步：点击"我要开店"创建店铺，如图 6-39 所示。

图 6-39　创建店铺

第七步：店铺设置的要求，认真填写店铺的基本信息，如图 6-40 所示。

第八步：店铺创建成功，如图 6-41 所示，接下来就是店铺的经营了。

图6-40　填写店铺的基本信息

图6-41　店铺创建成功

(四)发货操作

第一步:登录"我的淘宝",点击"已卖出的宝贝",如图6-42所示。

第二步:找到需要发货的订单,点击"发货"进行发货设置,如图6-43所示。

第三步:填写发货通知,主要收货信息、发货信息的确认,物流公司的选择,最后点"确认"进行发货,如图6-44所示。

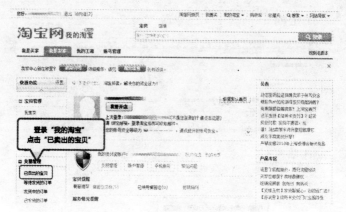

图 6-42　点击"已卖出的宝贝"

图 6-43　进行发货设置

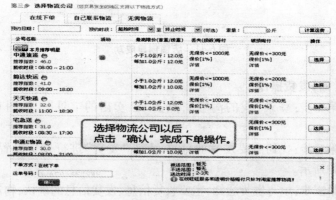

图 6-44　填写发货通知，确认相关信息

第四步：在物流公司揽货以后，填写物流单号，点"确认"便完成了发货操作，如图 6-45 所示。

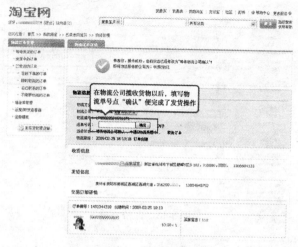

图 6-45　确认发货

第五步：当交易状态变为"评价"时便可以对交易进行评价，如图 6-46 所示。

（五）店铺装修

在免费开店之后，卖家可以获得一个属于自己的空间。和传统店铺一样，为了能正常营业、吸引顾客，需要对店铺进行相应的"装修"，主要包括店标设计、宝贝分类、推荐宝贝、店铺风格等。

1. 基本设置

登录淘宝，打开"我的淘宝→我是卖家→管理我的店铺"，在左侧"店铺管理"中点击"基本设置"，在打开的页面中可以修改店铺名、店铺类目、店铺介绍，主营项目要手动输入，在"店标"区域单击"浏览"按钮选择已经设计好的店标图片，在"公告"区域输入店铺公告内容，比如"欢迎光临本店！"，单击"预览"按钮可以查看效果。

2. 宝贝分类

给宝贝进行分类是为了方便买家查找。在打开的"管理我的店

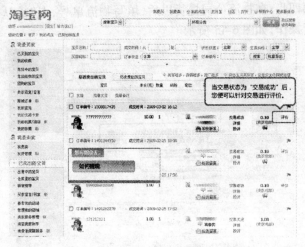

图 6-46　评价交易

铺"页面中,可以在左侧点击"宝贝分类",接着输入新分类名称,比如"文房四宝",并输入排序号(表示排列位置),单击"确定"按钮即可添加。单击对应分类后面的"宝贝列表"按钮,可以通过搜索关键字来添加发布的宝贝,进行分类管理。

3. 推荐宝贝

淘宝提供的"推荐宝贝"功能可以将你最好的 6 件宝贝拿出来推荐,在店铺的明显位置进行展示。只要打开"管理我的店铺"页面,在左侧点击"推荐宝贝",然后就可以在打开的页面中选择推荐的宝贝,单击"推荐"按钮即可。

4. 店铺风格

不同的店铺风格适合不同的宝贝,给买家的感觉也不一样,一般选择色彩淡雅、看起来舒适的风格即可。可以选择某种风格的模板,右侧会显示预览画面,单击"确定"按钮就可以应用这个风格。在店铺装修之后,一个焕然一新的页面便出现在面前。

(六)店铺推广

网上小店开了,宝贝也上架了,特色也有了,可是几周时间过去了还是没有成交,连买家留言都没有,这是很多新手卖家经常遇到的问题。这个时候,你就要主动出击了。通过论坛宣传、交换链接、橱窗推荐和好友宣传四种方式给小店打打广告。

1. 论坛宣传

论坛宣传的主要方法就是发广告帖和利用签名档。

前者可以在各省或各大城市的论坛上进行,如果有允许发布广告的版块,可以发广告帖,内容一定要详细,商品图片一定要精美,并保持定期更新和置顶。可以选择到淘宝社区、知名论坛、当地的生活社区宣传一番。

后者可以在论坛上更改签名档,更改为自己小店的网址、店标、宣传语及店名等。发布一些精美的帖子,以便让有兴趣的朋友通过你的签名档访问你的小店。

2. 交换链接

在开店初期,为了提升人气,可以和热门的店铺交换链接,这样可以利用不花钱的广告宣传自己的小店。比如淘宝网就提供了最多35个友情链接,添加的方法很简单:

首先,通过淘宝的搜索功能,搜索所有的店铺,记下热门店铺的掌柜名称。

接着,下载并登录淘宝买家、卖家的交流工具——阿里旺旺,添加这些热门店铺的掌柜名称,并提出交换链接的请求。

如果答应交换,打开"我的淘宝→我是卖家→管理我的店铺",在左侧点击"友情链接",然后输入掌柜名称,单击"增加"按钮即可。

3. 推荐橱窗

淘宝提供的"橱窗推荐"功能是为卖家提供的特色功能,当买家选择搜索或点击"我要买"根据类目搜索时,橱窗推荐宝贝就会出现在搜索结果页面中。要设置"橱窗推荐"功能,可以打开"我的淘宝→我是卖家→出售中的宝贝",选择要推荐到橱窗中的宝贝(已经推荐到店铺首页的宝贝不能再进行橱窗推荐,即有"推荐"标记),单击"橱窗推荐"按钮即可。

4. 加入消保、旺铺

想在淘宝上长期做下去的朋友们,建议这两项服务都加入,为什么要加入这两项服务呢? 第一,消保就是消费者保障,从文字上就可以看出这是对客户的一种保障,换位思考一下,如果你是消费者,同样的商品,你一定会去消保卖家那里消费吧,除非你的商品是淘宝上独一无二的。第二,旺铺就跟一个实体店的门面一样,你装修的好看,客户的心情也好,心情好了说不定就多看中几样东西呢。其实旺铺与非旺铺就好比一个普通店和五星级饭店一样,同样的价钱有谁不想去五星级饭店消费呢?

店铺宣传的方法还有很多,不一定都适合大家,但是不管怎样,都要有自己的方式和方法。酒香不怕巷子深,在这种网络交易平台上恐怕是行不通的,因为店铺的宣传就像实体店铺的门脸,你不去做就不会有人知道,更谈不上机会。

5. 威客推广

如果以上效果都不佳的话,推荐用威客的方式来推广,它可以省去很多麻烦,同时不用亲自动手,省去很多宝贵的时间与精力。你只需找一个威客网站,便可以把所需要推广的店铺交由威客们去论坛、贴吧、空间、社区等地方推广。目前,有很多网店通过这种方式推广,都取得了不错的效果。那里有人帮忙装修店铺,有人帮忙设计LOGO,有人帮忙设计网店,有人帮忙发推广贴,有人帮忙写软文,有人帮忙做推广代理,也有人用 QQ 群、MSN 个性签名、QQ 个性签名推广店铺,专业推广员招募等,各行高手都有,这是现在很热也很潮流的一种推广方法,也是很有成效的一种推广方法。

友情提示:如何成为淘宝信誉度比较高的星级店主呢?

要成为淘宝的星级店主,信用度至少为 4 分。卖家信用度得分的依据是每次使用支付宝成功交易一次后买家的评价,如果是"好评"加一分,"中评"不加分,"差评"扣一分。所以,要成为星级店主,切记要诚信服务。如果出现网上成交不买、收货不付款等情况,卖家都可以打开"我的淘宝→信用管理→我要举报"进行投诉、举报,不过需要收集发货凭证、买家签收凭证、旺旺截屏等证据。

虽然说网上开店零成本、低风险，但是没做成一笔买卖、关门大吉的例子也比比皆是。要想让自己的小店在网上得以生存，最重要的就是诚信，只有诚信才能赢得买家的心，获得良好的信用评价，这样才能发展起来。

五、谨防网上贸易骗子和网络欺诈行为

互联网的出现，给买卖双方带来了无限商机的同时，也给骗子和奸商提供了廉价的信息来源。网络这个虚拟空间从来不是一片净土，骗子利用网络商务平台缺乏有效的信用认证这一缺陷，将罪恶的手伸向了一个又一个的网民和上网企业，不是骗吃骗喝，就是骗钱骗物。

(一)网上贸易诈骗

总结起来网上贸易的骗术如下：在网上发布虚假信息，收到钱没有货发或给你劣质品；冒充国有企业、台商、外贸企业行骗；假中介，索要佣金；不看样品、不来考察就要货，异常热情；签订购销合同的愿望非常强烈；订单量比较大，订货量足够一个大型企业使用很长时间，但对方常常称是外贸出口需要；样品到达仅几天，即下订单，或是要求过去签合同，对我方的基本情况不做调查；购销合同做的十分漂亮，交货条件也十分诱人，往往是一手交钱一手交货，对方却对我方提出的价格条件漠不关心；有的设连环套，让你一步步地步入陷阱。

(二)其他网络诈骗

网络欺诈利用人们投机取巧、爱占小便宜和想发大财的心理，骗术是不断换新的，让人防不胜防。12个最常见的网络欺诈是：金字塔(高利润)投资欺诈、无风险投资诈骗、骗取信用卡号、邮购诈骗、拨叫国际长途电话欺诈、免费互联网接入服务欺诈、多层次销售和传销、建站试用期骗局、赚大钱的商业机会、欺骗性广告与计费、假健康产品、网上拍卖欺诈。

(三)防骗措施

1. 不要贪图便宜

贪便宜、图暴利、投机取巧的心理是上当受骗的主要原因。想要通过网络信息发财致富的投资者要特别当心。当你在网络上发现热门的快速致富机会,以及收益好得让人难以置信的投资项目,掏腰包时要谨慎。

2. 对新客户进行信用调查

可以打电话到对方属地部门(如居委会、派出所、房产机构、银行、税务、工商、消协)确认对方公司或个人的相关情况。登录对方所属地工商网站,查询其是否注册。拨打所属地12315热线,查询是否有投诉记录。可以请当地或临近朋友先去核实,也可拨打对方所属地114热线,查询其是否有电话登记。利用手机属地查询,如果手机属地与标示公司属地距离太远,就值得怀疑。

可以用搜索引擎查询对方的相关信息,骗子公司也许就会露出马脚。以手机号为查询要件,得到结果为同一手机主人在网络上公布信息为不同公司或商品的,就要小心;以你所需商品为查询要件,得到商品价格与市场价格差距太大的,低价格的可能就是陷阱;以标示公司为查询要件,看其所标示的公司是否有网友被骗记录公布。

3. 冷静分析,加强防范

上网发布信息后,对订货的客户要注意审查,特别是其主体资格,多注意其《营业执照》上的营业期限、经营范围等基本情况。若把握不准或有疑问,可向工商部门了解咨询。

在接到传真、电子合同等数据电文时,对合同内容要进行审查,不要被其特别优惠、诱人的条件所迷惑,特别是一些积压产品较多、亏损的企业,更不要饥不择食,以为遇到了救星。

面对合同具体条款,若自己是发货方,在发货环节上要尽量采用款到发货或要求其具有货款担保,若自己是采购方,则不要轻易付款或者全额付款。

尽量不和某些职业骗子集散地的单位和人做任何生意。

遇到与订货有关的电子邮件,要多想、多问、多思考,轻易不到对方所在地;要去对方公司实地考察,不要只在宾馆酒店会面;往来的单据,要注意保留做凭证。发现确实上当受骗后,要及时向工商部门投诉,或直接到公安部门报案,以尽量减少损失。

最好到大型有信誉、有资格审查、信用评价的网站上进行交易,利用网站提供的第三方支付手段,比如阿里巴巴的"支付宝",进行付款或付定金,如果对方违约,付过的款可以收回。

第七章　农产品电子商务

电子商务是比较成熟和高级的网上销售形式。近几年,电子商务热潮开始向我国广大的农村地区蔓延。由于各种原因,农民对电子商务,特别是农产品电子商务还是一头雾水,下面将从电子商务入手,讲解农产品电子商务。

一、电子商务

关于电子商务,目前还没有一个较为全面的、具有权威性的、能够为大多数人接受的定义。一般而言,电子商务应该包括以下五个要素:

第一,采用多种电子方式,特别是通过 Internet 交易。

第二,实现商品交易、服务交易。

第三,包含企业间的商务活动,也包含企业内部的商务活动。

第四,涵盖交易的各个环节,如询价、报价、订单、售后服务等。

第五,采用电子方式是形式,跨越时空、提高效率是主要目的。

综上所述,电子商务是各种具有商业活动能力和需求的实体为了跨越时空限制、提高商务活动效率,而采用计算机网络和各种数字化传媒技术等电子方式实现商品交易和服务交易的一种贸易形式。电子商务包含两个方面:一是商务活动,二是电子化手段。其中,商务是核心,电子化是手段和工具。

电子商务离我们的生活越来越近,我们的生活也越来越离不开电子商务,下面让我们来认识日常生活中的电子商务,介绍几个在日常生活中常用的电子商务网站。

(一)当当网上购图书

当当网(www.dangdang.com)是全球最大的综合性中文网上购

物商城,由国内著名出版机构科文公司、美国老虎基金、美国 IDG 集团、卢森堡剑桥集团、亚洲创业投资基金(原名软银中国创业基金)共同投资成立。当当网首页如图 7-1 所示。

图 7-1　当当网

　　1999 年 11 月,当当网(www.dangdang.com)正式开通。当当网在线销售的商品包括图书音像、美妆、家居、母婴、服装和 3C 数码等几十个大类,超过 100 万种商品,在库图书近 60 万种,百货近 50 万种,当当网的注册用户遍及全国 32 个省、市、自治区和直辖市,每天有上万人在当当网浏览、购物。

　　(二)淘宝网购物

　　淘宝网成立于 2003 年 5 月 10 日,短短几年的发展,现在已经成为亚洲最大的中文购物平台。它的出现让我们足不出户,轻点鼠标就能购买到自己想要的商品。淘宝网首页如图 7-2 所示。

　　(三)携程旅行网上旅游业务定制

　　以前要是做一个旅游活动,一般是到旅行社咨询、定制旅游内容。现在不同了,可以到相关的旅游网站上对自己想要去的地方先

图 7-2　淘宝网

了解下，然后在网上把以前在旅行社要做的工作全部搞定，方便又省心。

作为中国领先的综合性旅行服务公司，携程成功整合了高科技产业与传统旅游行业，向超过 5 000 万会员提供集酒店预订、机票预订、旅游度假、商旅管理、特约商户及旅游资讯在内的全方位旅行服务，被誉为互联网和传统旅游无缝结合的典范。携程旅行网的首页如图 7-3 所示。

凭借稳定的业务发展和优异的盈利能力，携程旅行网于 2003 年12 月在美国纳斯达克成功上市，上市当天创纳斯达克 3 年来开盘当日涨幅最高纪录。

二、网上支付的相关知识

网上支付即通常所说的电子支付，就是指电子支付的参加者使用安全的电子支付手段通过网络进行的货币支付或者资金流转。电子支付用虚拟世界的数字信号代替了传统的实物（如贵金属、纸币、

图7-3 携程旅行网

支票等),是支付方式的一场革命。

和其他传统支付模式一样,电子支付模式在其生命周期中也要经历三个阶段——提取、支付、存款。主要涉及三个方面——用户、商户、银行。电子支付方式分为三类:现金的电子化——电子现金;商业票据的电子化——电子支票;银行信用业务的电子化——电子信用卡及其网络衍生——网络银行及第三方支付平台。

(一)电子现金

电子现金是一种以数据形式流通的货币。使用电子现金的顾客与商家必须先在各自的电脑上安装特定的软件,如电子钱包。用户还要事先从银行户头提取一定金额的电子现金存在电子钱包中,在购买商品后就可用电子钱包中的电子现金付款。电子现金的好处在于不需要留下用户的个人信息,具有匿名性。其发行方式既可以是存储性质的预付卡,也可以是以纯电子形式存在的用户号码数据文件。电子现金支付不直接对应任何账户,顾客只要事先购买电子现金,就可以离线操作,是一种"预先付款"的支付方式。

电子现金和现实中的现金一样,可以存、取和转让。使用电子现金的顾客、商家和银行都需要使用电子现金软件,银行和商家之间有协议和授权关系,由银行负责客户和商家之间资金的转移。支付中的各方从各自角度考虑,对电子现金有不同的要求。比如,顾客要求电子现金使用方便灵活,但同时要具有匿名性(不署名);商家则要求电子现金具有高度的可靠性,所接受的电子现金必须能兑换成现实中的货币;银行机构则一般要求电子现金只能用一次,不能非法使用和伪造等。

比如,登录 http://www. boc. cn,进入中国银行。选择"个人客户网银登录"就可以利用网络银行,坐在自己家中,进行实体银行的所有操作。中国银行的首页如图 7-4 所示。

图 7-4 中国银行

(二) 电子支票

电子支票可以说是现今电子支付系统中和传统支票模式的形式、过程最为相似的。在传统纸质支票交易时,用户首先在银行申请建立支票账户。消费时,顾客在支票上填好有关的信息,然后签名或盖章,再把支票交给商户。商户得到支票以后,先背书,然后向银行请求支付。如果顾客的账户和商家的账户在同一个银行,那么银行可直接把资金从顾客的账户转移到商家的账户。如果商户和顾客的账户不在同一个银行,那么商户把支票交给自己的开户行,由商家的开户行和客户的开户行之间通过票据清算所进行清算。

电子支票是顾客向商家签发的、无条件的数字化支付指令,它可以通过 Internet 来进行传输。像传统的支票一样,电子支票也要经过数字签名。经过顾客的数字签名,使用数字凭证确认支付者和接收者的身份,然后金融机构用签过名和认证过的电子支票进行账户转账。从中可以看出,电子支票的支付方式和传统支票的支付方式极为类似,只不过在电子支票支付的过程中,支票签名的背书与确认不再使用纸和笔的形式,而是采用的数字加密与解码的形式。

(三)信用卡及其网络衍生

信用卡是从国外引入的,是一种比较成熟的支付手段,是网上支付的主要方式。通过信用卡结算需要安装相应的安全认证软件,以保证消费者在网上购物过程中支付信息的安全传输。以前的信用卡上带有磁片,包含未加密的只读信息。现在,越来越多的信用卡是智能卡,提供加密功能和更强的存储能力。信用卡支付模式是现在运用最为广泛的电子支付模式,该模式有如下特点:

(1)信用卡是由银行信用作为担保的,使得消费者在不具备货币拥有权的情况下仅仅出示信用卡就可以从经营者那里得到商品,自己的消费能力由于信用卡的存在得到了延伸与扩大。

(2)在消费者从商品经营者那里赊购的时候,经营者并未像传统支付方式下那样承担货币回收风险,而是从发卡银行得到了全额货款。在经营者看来,既扩大了销售又不承担赊购风险。

三、农产品电子商务

电子商务作为一种先进的商务模式,为促成农产品交易提供了重要的新渠道。农产品本身的特殊性决定了农产品电子商务除具有一般电子商务的共性外,还具有一些特别之处。

(一)农产品电子商务的概念

农产品电子商务的实质是将农产品作为电子商务交易的对象,但是并非所有农产品都适宜进行电子商务交易,因此需要首先研究农产品电子商务的内涵与交易范围。

1.农产品电子商务的内涵

农产品电子商务是指以农产品生产为中心而发生的一系列电子化交易活动,包括农业生产管理、农产品网络营销、电子支付、物流管理及客户关系管理等。农产品电子商务以信息技术和全球化网络系统为支撑,将现代商务手段引入农产品生产经营中,保证农产品信息收集与处理的有效畅通,通过农产品物流、电子商务系统的动态策略联盟,建立起适合网络经济的高效能农产品营销体系,实现农产品产、供、销的全方位管理。

2.农产品电子商务的交易范围

世界贸易组织(WTO)的产品分类将农产品界定为,包括活动物与动物制品、植物产品、油脂及分解产品、食品饮料。根据我国《农产品质量安全法》第二条的规定,农产品是指来源于农业的初级产品,即在农业活动中获得的植物、动物、微生物及其产品。本书所指农产品主要是可供食用的各种植物、畜牧、渔业产品及其初级加工产品,包括粮食、园艺植物、茶叶、油料植物、药用植物、糖料植物、热带及南亚热带作物初加工产品等植物类农产品,肉类产品、蛋类产品、奶制品、蜂类产品等畜牧类农产品,水产动物产品、水生植物、水产综合利用初加工产品等渔业类农产品。

(二)农产品电子商务的交易特征

农产品电子商务的交易除具备虚拟化、低成本、高效率、透明化等特点外,还具有一些局限性,如交易受制于产品标准化、物流配送能力、关键技术水平、运营规模、文化与法律障碍等因素。

1.虚拟化

通过计算机互联网络进行的贸易,贸易双方从贸易磋商、签订合同到支付等一系列过程,无须当面进行,均通过计算机互联网络完成,整个交易完全虚拟化。对卖方来说,可以到网络管理机构申请域名,制作自己的主页,组织农产品信息上网。虚拟现实、网上聊天等新技术的发展使买方能够根据自己的需求选择所要购买的农产品,并将信息反馈给卖方。通过信息的推拉互动,签订电子合同,完成交易并进行电子支付。整个交易都在网络这个虚拟的环境中进行。

2. 低成本

电子商务使得农产品买、卖双方的交易成本大大降低,具体表现在以下几方面:

(1)买、卖双方通过网络进行农产品商务活动,无须中介参与,减少了交易环节。

(2)交易中的各环节发生变化。网络上进行信息传递,相对于原始的信件、电话、传真而言成本被降低;卖方可通过互联网络进行产品介绍、宣传,传统方式下做广告、发印刷品等大量费用被节约下来;互联网使买、卖双方即时沟通供需信息,使农产品无库存生产和无库存销售成为可能,库存成本降为零。

(3)企业利用内部网实现"无纸办公"(OA),90%的文件处理费用被削减,提高了内部信息传递的效率,节省了时间,降低了管理成本。通过互联网络把公司总部、代理商及分布在其他地区的子公司、分公司联系在一起,及时对各地市场情况做出反应,即时生产,即时销售,降低了存货费用,采用快捷的配送公司提供交货服务,从而降低了产品成本。

3. 高效率

由于互联网络将贸易中的商业报文标准化,使商业报文能在世界各地瞬间完成传递与计算机自动处理,使原料采购、产品生产、需求与销售、银行汇兑、保险、货物托运及申报等过程无须人员干预而在最短的时间内完成。传统贸易方式中,用信件、电话和传真传递信息必须有人的参与,而且每个环节都要花不少时间。有时由于人员合作和工作时间的问题,会延误传输时间,失去最佳商机。电子商务克服了传统贸易方式费用高、易出错、处理速度慢等缺点,极大地缩短了交易时间,使整个交易非常快捷与方便。

4.透明化

买、卖双方从交易的洽谈、签约到货款的支付、交货通知等整个交易过程都在网络上进行。通畅、快捷的信息传输可以保证各种信息之间互相核对,防止伪造信息的流通。例如,在典型的许可证 EDI 系统中,由于加强了发证单位和验证单位的通信、核对,假的许可证就不易成为漏网之鱼。海关 EDI 也能帮助杜绝边境的假出口、兜圈子、骗退税等行径。

四、农产品网上销售的模式

(一)农产品电子商务的 B2B 模式

B2B(企业到企业)模式是目前农产品网上流通的主要模式之一,在这种模式中农产品的供给企业和求购企业借助于网络完成与农产品交易相关的所有环节。目前的 B2B 模式主要存在于农产品加工企业与产地市场批发商之间,农产品加工企业与销地市场批发商、零售商之间,产地市场批发商与销地市场批发商、零售商之间,销地批发商与零售商之间,其发生方式如图 7-5 所示。

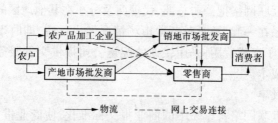

图 7-5　农产品电子商务的 B2B 模式

在农产品网上流通中,相对于其他模式,B2B 模式以其交易量大、更能适合订单农业发展的要求等特点,在各地年度农产品网上交易份额中占据了绝大部分比例。目前,我国 B2B 电子商务模式大致可以分为三种类型,即买方集中模式、卖方集中模式、中立的网上交易市场模式。无论在农产品物流链中哪一个环节展开 B2B 电子商务均可在这三种类型中进行选择。

1. 买方集中模式

买方集中模式是指一个卖家和多个买家之间的交易模式,由卖方建立网站并发布农产品的销售信息,吸引买方前来认购。目前,这种农产品网上交易模式已经出现并得到了迅速发展。其具体运作方式有两种:一是一些规模较大、实力雄厚的大型农产品加工企业或农产品批发商自己建立网站,并在网站上发布农产品供应信息,同时提供进行网上交易的各种支持;二是一些规模较小、实力较弱的农产品供应企业联合起来组建网络交易平台,面向各个买家企业。

买方集中模式的 B2B 电子商务交易具有以下三方面的特点:一是农产品供给企业通过网站发布各类农产品的供应信息,可以在更大的范围内吸引需求企业前来洽谈、采购,使农产品交易有效地突破了地域空间的限制,为农产品销售带来了更多的市场机会;二是网络信息的快捷传递可以大大缩短供求双方对接的时间,大大降低了农产品供求双方为搜寻交易伙伴而产生的交易成本;三是这种模式是卖方主导的模式,农产品供应商往往可以在多个需求企业之间进行选择,进而与条件最优越的需求企业达成交易,这相对于传统的交易模式而言,在一定程度上提高了农产品供给企业的收益。

当然,买方集中模式下,农产品卖方企业若希望从网上交易中获利,只建立一个网站是远远不够的,网站对买方企业的吸引力来自其信息的及时性、准确性和全面性,以及网站的服务水平等方面,这就需要农产品卖方企业在资金、技术、人员等方面有一定的投入,否则很难收到预期效果。

由上可知,买方集中的 B2B 交易模式比较适合具有大规模供给量的农产品销售组织,加工企业在具备了一定的产品、技术和人才的条件下来开展。随着农村土地流转制度的不断创新,农产品规模化生产和经营的形式越来越多,此种卖方主导的网上交易模式将有较大的发展空间。

2. 卖方集中模式

卖方集中模式是指一个买家与多个卖家之间的交易模式,由买方建立网站并发布需求信息,招集供应商前来报价、洽谈、交易。这种模式的具体运作主要是大型农产品采购企业采用自建网站的形式,通过网络采购农产品。这种形式既可以是一些批发市场通过建立网站发布农产品求购信息,也可以是一些大型超市通过建立网站并在网站上发布生鲜食品的采购信息,为其各个网点提供统一的网络采购及配送服务。

卖方集中模式的 B2B 电子商务交易有如下三方面的特点:一是农产品采购商可以在更大的市场空间内选择农产品的供应商,以获得在同等农产品质量下对需求企业最优惠的购买价格;二是与买方集中模式的效果一样,需求信息在网上的快速传播可以大大降低供需双方衔接的时间,节省双方搜寻交易伙伴的时间成本和信息成本;三是大型农产品采购商的需求信息对农产品的生产会起到引导作用,从而引导调整农产品的供求结构,实现供求的有效衔接,这是卖方集中交易模式的外溢效应。

连锁超市的快速发展,特别是超市介入生鲜农产品经营的现实,正在改变着农产品供应链的形式及其权利结构,更多地掌握了农产品需求信息并且可以大规模集中采购,使得超市成为最具竞争力的农产品采购商,而超市在信息技术、硬件设施、专门人才方面的明显优势必将使以其为主导的卖方集中网上交易模式有一个光明的发展前景。

3. 中立的网上交易市场模式

中立的网上交易市场模式是指由买方、卖方之外的第三方投资建立起来的网上交易市场,提供买卖双方参与的竞价撮合模式。这种模式是目前我国农产品网上交易的主要模式。在这种模式中进行网上交易市场组建并为农产品买卖双方提供信息与网上交易服务的第三方有多种形式,有政府部门,也有供销合作社、行业协会及农村经纪人等中介组织。例如,河北省石家庄市供销合作总社已在全系统建立了无极县农产品信息网、正定县农副产品供求信息网、河北省茶叶网、石家庄盐业网、赵县合作经济网、石家庄市第一棉麻总公司网和井陉县供销社中国钙镁商务网等一大批专业网站,并开辟了农产品购销、科技推广等 20 多个服务项目。中立的 B2B 电子商务模式如图 7-6 所示。

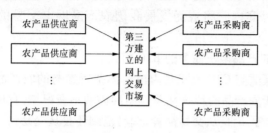

图 7-6 中立的 B2B 电子商务模式

中立的网上交易市场模式相对于买方集中模式和卖方集中模式更具适应性。第一,由一些在农产品供求信息及网络技术方面具有优势的、独立的第三方机构构建的网上交易市场具有开放统一的接入标准和交易标准,能够最大限度地集合各方资源,为农产品供求企业提供公正、公平、公开的服务,使它获得更多的选择机会和交易机会;第二,中立的网上交易市场通过对农产品供给企业发布的销售信息和需求企业发布的购买信息进行统一分类、排序,可以大大提高信息检索的效率,进而节约农产品交易双方信息搜寻的成本,在一定程度上实现双方交易成本的降低;第三,中立的网上交易市场通过对农产品供求双方的撮合作用,促使买卖双方签订合同,使交易能够顺利达成,这在一定程度上也降低了双方的交易成本;第四,中立的网上交易市场可以借助电子商务提供有效的解决方案,使分散的农产品经营企业以一定的结构组织起来,从而优化交易路径,节约交易成本;第五,中立的网上交易市场可以根据电子商务的要求发展适合农产品网上流通特点的供应链,进而通过供应链的优化实现交易成本的节约。

从图 7-6 也可以看出,中立的网上交易市场模式对单个供应商和采购商的规模要求较弱,大量的小规模供应商和采购商都可以凭借中立网上市场的集聚能力分享交易的规模优势。这一点与目前我国农产品流通主体的中小规模结构相契合,所以成为我国农产品网上交易中应用最广、最成功的模式之一。在流通主体的规模化程度难以在短期改变的前提下,这种模式的适用性及有效性决定了在未来的一段时间内它将成为发展我国农产品网上交易的重点模式之一。

(二)农产品电子商务的 B2C 模式

B2C 模式与 C2C 模式是由单个消费者参与的农产品电子商务模式。由于农产品的特殊性及长期形成的消费习惯,利用这两种电子商务模式无论是从交易品种、交易范围还是从交易量来看都远比不上日用工业品等其他类消费品。

在 B2C 模式中,农产品供应商和消费者借助于网络完成与农产品交易相关的所有环节。B2C 模式可以在农产品加工企业与消费者之间,产地市场批发商与消费者之间,销地市场批发商、零售商与消费者之间发生,如图 7-7 所示。

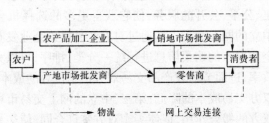

图 7-7 农产品电子商务的 B2C 模式

从理论上讲,采用农产品网上交易的 B2C 模式可以实现各类农产品供应企业和消费者的直接对接,使农产品交易过程中的时间、空间及人际路径均得到不同程度的缩短,进而实现交易成本的降低。与此同时,由于各类农产品供给企业直接面向最终消费者,因此这些供给企业能够及时、准确、全面地了解最终消费者对农产品的需求状况,并以此指导其下一个阶段农产品的生产经营,在为农产品最终消费市场提供适销对路的产品的同时,减少库存积压,提高经营效率。

从目前消费者对农产品的采购情况来看,大多数消费者不会选择网上直接购买粮食、蔬菜等农产品,主要在于农产品标准化程度较低及易腐、易烂的特点,加之消费者对农产品供应企业信用的担心及农产品物流配送体系不健全等,使许多消费者更愿意在经过看、闻、摸等实际挑选的前提下购买。同时,从农产品销售企业通过网络对农产品的销售意愿来看,农产品加工企业及产地市场批发商也不愿意接受消费者通过网络进行的零星交易,因为从现有技术和配套服务设施的角度考虑,从事这些小额交易的交易成本相对于交易额来说太高,网络交易对交易双方的优势基本体现不出来。

但这并不意味着 B2C 模式在农产品流通领域没有生存及发展的空间。一方面,在一些经济发达的大城市,一些白领人士通过网络向农产品的销地市场零售商(主要是大型超市)购买蔬菜、水果等生鲜农产品的网上交易模式已经出现;另一方面,目前我国许多地区正在进行以绿色蔬菜生产基地为依托的电子商务模式建设,这实质上也是农产品网上交易 B2C 模式的一种表现形式。这种运作方式不仅能够通过网络与特定的消费者在互相信任的基础上建立稳定的合作关系,而且供应方能够通过网络及时了解消费者对绿色蔬菜需求种类的变化,及时调整生产经营,实现绿色蔬菜供求的有效对接。

可以说,农产品网上交易的 B2C 模式在农产品消费分层和农产品特色生产两个角度找到了存在和发展的空间,随着农产品消费层次提升、消费方式转变及特色农产品有针对性服务的推广,B2C 模式将得到发展。

(三)农产品电子商务的 C2C 模式

C2C 模式是消费者与消费者之间借助于网络展开的交易模式。根据电子商务中 C2C 模式的特点,在农产品流通领域,这种模式是指单个农户与消费者之间通过网络进行的农产品交易,如图 7-8 所示。

C2C 电子商务最大的特点就是利用专业网站提供的大型电子商

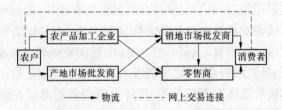

图 7-8　农产品电子商务的 C2C 模式

务平台,用户以免费或比较少的费用在网上开店,进而在网络平台上销售自己的商品。具体到农产品网上交易而言,就是农民借助于一些电子商务平台,通过网上开店销售自己的农产品,主要是一些干货。目前,在淘宝网、易趣网和拍拍网上都有较多的农产品登录网站,农产品销售也已经成为这三个网站营销的重要部分。这种农产品交易模式对交易双方均存在一定的益处。一方面,农户在一些专业的电子商务平台上开店销售农产品的费用非常低廉,目前许多著名网站均采取了免费网上开店的政策,而且不收取物品成交费,这在一定程度上节约了农户在销售农产品时的交易成本。同时,农户通过网上开店的形式可以足不出户地在网上销售自己的农产品,节约了为寻找市场而产生的一系列的时间、人力、物力、财力上的支出。另一方面,由于农户通过网上开店销售农产品的各种成本支出均较低,这就使得农产品可以以较低的价格在网上销售,从而给消费者带来实惠。同时,采用这种模式也大大节省了许多消费者出于各种原因在求购一些特色农产品过程中所支付的搜寻成本。目前,在 C2C 网站上销售量最多的产品是各地的特色农产品,以淘宝网为例,在茶叶类中最热的五类产品为普洱茶、乌龙茶、绿茶、保健茶、红茶。

虽然农产品网上交易采用 C2C 模式存在许多优势,但是,目前 C2C 模式在我国农产品网上交易中应用并不十分广泛。主要原因有三个方面:首先,可以在网上售卖的农产品品种非常有限;其次,我国大部分农村地区上网的农民很少,不具备网上开店的基本条件;最后,在网上开店涉及商店注册、发布产品介绍及图片、设置付款方式、管理网店等内容,尽管这些工作并不是很复杂,但是我国大部分地区的农民整体文化水平较低,尚未掌握网上开店的技能。因此,近期内农产品网上交易的 C2C 模式不会成为农产品电子商务的主要模式。

(四)农产品电子商务的 C2B 模式

C2B 模式是消费者与企业之间通过网络进行交易的模式。本书将 C2B 模式分为两种表现形式:一是由美国最早兴起的 C2B 模式,其核心是通过聚合为数庞大的用户形成一个强大的采购集团,以此来改变 B2C 模式中用户一对一出价的弱势地位,使它享受到以大批发商的价格买单件商品的利益。可见,在这种模式中,消费者仍旧作为买方出现,而企业仍旧作为卖方出现,因此可以将其看做是 B2C 模式的一种衍生模式。二是 C2B 模式中的销售方是以个体形式出现的农民,购买方则是农产品的各类需求企业。本书重点分析第二种 C2B 模式在农产品网上流通中的应用。C2B 模式可以在农户和农产品加工企业之间,农户和产地市场批发商之间,农户和销地市场批发商、零售商之间发生,如图 7-9 所示。

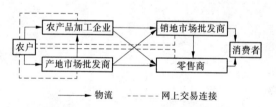

图 7-9 　农产品电子商务的 C2B 模式

从目前农产品电子商务 C2B 模式的具体应用情况来看,这种模式在我国一些省份已经出现,并且为促进农产品销售起到了一定的积极作用。目前,由于我国农民还不具备自建网站的条件,农户往往通过一些能为其提供农产品网上销售的合适网站发布销售信息,吸引一些企业与其进行网上交易。例如,福建省首家茶业合作社——安溪县珍田茶业合作社,自从 2005 年成立以来,建立 50 个茶农直销网站,让茶农直接在网上交易。这种交易模式不仅可以在一定程度上缓解农民卖茶难的问题,而且可以节约相关企业的交易成本。例如,农产品加工企业通过网络向农户订购农产品可以通过减少搜寻成本而实现交易成本的降低;产地市场批发商或销地市场零售商直接向农户订购农产品,则可以通过不同程度地减少中间环节而实现交易成本的降低。因此,这种模式具有一定的发展前途。但是从具体应用的角度来看,由于单个农户通过网络供应的农产品数量有限,而且我国农村地区的物流配送体系还不健全,再加上农产品标准化程度较低等,使得一些大型的农产品加工企业、产地市场批发商、销地市场零售商出于采购效率、农产品质量等方面的考虑而不愿意采取这种模式。而另一部分小型的农产品加工企业、小型的零售商出于降低采购成本的考虑更愿意接受这种模式。

第八章 农产品网络营销价格策略与网络广告策略

一、农产品网络营销价格策略

(一)网络营销定价概述

在网络条件下,网络交易成本较为低廉,同时网上交易能够充分互动沟通,网络顾客可以选择的余地增大及交易形式的多样化,会造成商品的需求价格弹性增大。为此,应充分审视所有销售渠道的价格结构,再设计合理的网上交易价格。此时,价格确定的技巧将受到较大的制约,但同时为以理性的方式研究拟定价格策略提供了方便。这主要表现在:

(1)在传统市场上,消费者对价格信息所知甚少,所以在讨价还价中总处于不利地位。网络技术发展使市场资源配置朝着最优方向发展,企业与消费者都可以利用网络功能充分了解市场相关产品的价格,消费者能在更大的范围内比较不同厂商的价格,能够更加理性地判断欲购产品价格的合理性。

(2)开发智能型网上议价系统,与消费者直接在网络上协商价格,运用该系统,可以根据顾客的信用、购买数量、产品供需情形、后续购买机会等,协商出双方满意的价格。

(3)开发自动调价系统,可以依季节变动、市场供需情形、竞争产品价格变动、促销活动等,自动调整产品价格。

(二)网络营销产品定价的特点

1.面向世界市场

网络营销市场面对的是开放的和全球化的市场,用户可以在世界各地直接通过网站进行购买,而不用考虑网站是属于哪一个国家或者地区的。这种目标市场从过去受地理位置限制的局部市场，一下拓展到范围广泛的全球性市场。网络营销产品定价时必须考虑目标市场范围的变化给定价带来的影响。

2. 低价策略

在早期互联网开展商业应用时，许多网站采用收费方式想直接从互联网盈利，结果被证明是失败的。Yahoo 公司是通过为网上用户提供免费的检索站点起步，逐步拓展为门户站点，到现在拓展到电子商务领域，一步一步获得成功的。它成功的主要原因是遵循了互联网的免费原则和间接收益原则。

网上产品定价较传统定价要低，这有着成本费用降低的基础，从而使企业有更大的降价空间来满足顾客的需求。因此，产品的定价过高或者降价空间有限的产品，在现阶段最好不要在网上销售。如果是工业、组织市场或者高新技术的新产品，网上顾客对产品的价格不太敏感，主要是考虑方便、新潮，这类产品就不一定要考虑低价策略了。

3. 顾客主导定价

所谓顾客主导定价，是指为满足顾客的需求，顾客通过充分了解市场信息来选择购买或者定制生产自己满意的产品或服务，同时以最小代价（产品价格、购买费用等）获得这些产品或服务。简单地说，就是顾客的价值最大化，顾客以最小成本获得最大收益。顾客主导定价的策略主要有顾客定制生产定价和拍卖市场定价。顾客主导定价是一种双赢的发展策略，既能更好地满足顾客的需求，同时企业的收益又不受影响，而且可以对目标市场了解得更充分，企业的经营生产和产品研制开发可以更加符合市场竞争的需要。

（三）网络营销定价策略

在进行网络营销时，企业应在传统营销定价模式的基础上，利用互联网的特点，特别重视价格策略的运用，以巩固企业在市场中的地位，增强企业的竞争能力。企业在进行网络营销决策时，必须对各种因素进行综合考虑，从而采用相应的定价策略。很多传统营销的定价策略在网络营销中得到应用,也得到了创新。根据影响营销价格因素的不同,网络定价策略可分为如下几种。

1. 个性化定价策略

消费者往往对产品外观、颜色、样式等方面有具体的内在个性化需求。个性化定价策略就是利用网络互动性和消费者的需求特征来确定商品价格的策略。网络的互动性能即时获得消费者的需求,使个性化营销成为可能,也将使个性化定价策略有可能成为网络营销的一个重要策略。这种个性化服务是网络产生后营销方式的一种创新。

2. 自动调价、议价策略

根据季节变动、市场供求状况、竞争状况及其他因素,在计算收益的基础上,设立自动调价系统,自动进行价格调整。同时,建立与消费者直接在网上协商价格的集体议价系统,使价格具有灵活性和多样性,从而形成创新的价格。这种集体议价策略已在现有的一些中外网站中采用。

3. 竞争定价策略

通过顾客跟踪系统(customer tracking)经常关注顾客的需求,时刻注意潜在顾客的需求变化,才能保持网站向顾客需要的方向发展。大多数购物网站常将网站的服务体系和价格等信息公开声明,这就为了解竞争对手的价格策略提供了方便。随时掌握竞争者的价格变动,调整自己的竞争策略,以时刻保持在同类产品中的相对价格优势。

4. 竞价策略

网络使日用品也普遍能采用拍卖的方式销售。厂家可以只规定一个底价,然后让消费者竞价。厂家所花费用极低,甚至免费。除销售单件商品外,也可以销售多件商品。目前,我国已有多家网上拍卖站点提供此类服务,如雅宝、易趣等。

5. 集体砍价策略

集体砍价策略是网上出现的一种新业务,当销售量达到不同数量时,厂家制定不同的价格,销售量越大,价格越低。目前,国内的酷必得站点就提供集体砍价服务。

6. 特有产品特殊价格策略

特有产品特殊价格策略需要根据产品在网上的需求来确定产品的价格。当某种产品有它很特殊的需求时,不用更多地考虑其他竞争者,只要去制定自己最满意的价格就可以了。这种策略往往分为两种类型:一种是创意独特的新产品,它是利用网络沟通的广泛性、便利性,满足了那些品味独特、需求特殊的顾客"先睹为快"的心理;另一种是纪念物等有特殊收藏价值的商品,如古董、纪念物或是其他有收藏价值的商品,在网络上,世界各地的人都能有幸在网上一睹其"芳容",这无形中增加了许多商机。

7. 折扣定价策略

在实际营销过程中,网上商品可采用传统的折扣价格策略,主要有如下两种形式:

(1)数量折扣策略。企业在网上确定商品价格时,可根据消费者购买商品所达到的数量标准,给予不同的折扣。购买量越多,折扣可越低。在实际应用中,折扣可采取累积数量折扣策略和非累积数量折扣策略。

(2)现金折扣策略。在 B2B 方式的电子商务中,由于目前网上支付的欠缺,为了鼓励买主用现金购买或提前付款,常常在定价时给予一定的现金折扣。此外,还有同业折扣、季节折扣等技巧,如为了鼓励中间商淡季进货或激励消费者淡季购买,可采取季节折扣策略。

8. 捆绑销售策略

捆绑销售这一概念在很早以前就已经出现,但是引起人们关注的原因是 20 世纪 80 年代美国快餐业的广泛应用。麦当劳通过这种销售形式促进了食品的销售量。这种传统策略已经被许多精明的网上企业所应用。网上购物完全可以巧妙运用捆绑手段,使顾客对所购买的产品价格感觉更满意。采用这种方式,企业会突破网上产品的最低价格限制,利用合理、有效的手段,去减小顾客对价格的敏感程度。

9. 声誉定价策略

企业的形象、声誉成为网络营销发展初期影响价格的重要因素。消费者对网上购物和订货往往会存在着许多疑虑，比如在网上所订购的商品，质量能否得到保证，货物能否及时送到等。如果网上商店的店号在消费者心中享有声望，那么它出售的网络商品价格可比一般商店高些，反之价格则低一些。

10. 产品循环周期定价策略

产品循环周期定价策略是沿袭了传统的营销理论：产品在某一市场上通常会经历介入、成长、成熟和衰退四个阶段，产品的价格在各个阶段通常要有相应反映。网上进行销售的产品也可以参照经济学关于产品价格的基本规律，并且对产品价格的统一管理，能够对产品的循环周期进行及时的反映，可以更好地随循环周期进行变动，根据阶段的不同，寻求投资回收、利润、市场占有的平衡。

11. 品牌定价策略

产品的品牌和质量会成为影响价格的主要因素，它能够对顾客产生很大的影响。如果产品具有良好的品牌形象，那么产品的价格将会产生很大的品牌增值效应。名牌商品采用"优质高价"策略，既增加了盈利，又让消费者在心理上感到满足。对于本身具有很大品牌效应的产品，由于得到人们的认可，在网站产品的定价中，完全可以对品牌效应进行扩展和延伸，利用网络宣传与传统销售的结合，产生整合效应。

12. 撇脂定价和渗透定价

在产品刚介入市场时，采用高价位策略，以便在短期内尽快收回投资，这种方法称为撇脂定价。相反，价格定于较低水平，以求迅速开拓市场，抑制竞争者的渗入，称为渗透定价。在网络营销中，往往为了宣传网站，占领市场，采用低价销售策略。另外，不同类别的产品应采取不同的定价策略。如日常生活用品，购买率高、周转快，适合采用薄利多销、宣传网站、占领市场的定价策略；而对于周转慢、销售与储运成本较高的特殊商品、耐用品,网络价格可定高些,以保证盈利。

13. 免费价格策略

免费价格策略是企业将产品或服务以零价格的形式提供给顾客使用以满足其需求。免费价格策略有以下四种形式:

(1)对产品和服务实行完全免费,如企业将某些应用软件放在网上供消费者免费下载。这种策略在企业致力于推广自己的网站时使用得较多。

(2)对产品和服务实行限制免费,即产品和服务超过一定次数或期限后,取消免费,意在鼓励消费者试用。

(3)对产品和服务实行部分免费,即对消费者使用产品或服务的部分功能免费,而使用更多、更高级的功能则需付费;或使用产品或服务的低级版本时免费,而要使用升级版本时则需付费。

(4)对产品和服务实行捆绑式免费,即购买某产品或服务时赠送其他产品或服务。

二、农产品网络广告策略

(一)网络广告的特点

广告是确定的广告主以付费方式运用大众媒体劝说公众的一种营销传播活动。网络广告是广告的一种,是确定的广告主以付费方式运用网络媒体劝说公众的一种信息传播活动。网络广告也称网络营销广告,是网络技术问世以来广告业务在计算机领域的新拓展,也是网络作为营销媒体最早被开发的营销技术。简而言之,网络广告就是在 Internet 或 Web 上发布、传播的广告。网络营销广告于 1994 年产生于美国。传统的广告媒体,包括电视、广播、报纸、杂志四大大众媒体,都只能单向交流,强制性地在某一区域发布广告信息,受众只能被动地接受,不能作出及时、准确的反应。网络广告则由于具有更多技术成分,因此也具有与传统广告不同的特点。

(1)网络广告时空无限。传统的广告空间非常有限而且昂贵,传播的信息也少得可怜,还可能受到目标受众的阅读习惯、收听、收看习惯等影响而收效甚微。而网络广告的空间几乎是无限的,成本也很低廉。一个站点的信息承载量都在几十兆至几百兆之间,广告主花费很少的钱就可提供关于企业和产品的丰富多彩的信息,并可根据消费者对信息的不同需求灵活剪裁信息内容,以适应不同消费者的需求。网络广告的传播范围远远大于传统广告,通过 Internet 可将广告传播到世界上大多数国家和地区,从而避免了当地政府、广告代理商和当地媒介等问题。传统广告传播时间受购买时段和期刊的限制,容易错过目标受众,并且难以保留广告信息。在网络广告中,时间的概念对广告主是没有太大意义的。广告信息储存在广告的储存器中,用户可在任何时间内提取阅读。

(2)网络广告是互动的。传统的广告是单向的信息传播,广告主将一成不变的广告信息硬性地灌进受众的脑海,劝诱目标受众成为购买者。即使受众受广告影响要采取行动,也不能与广告主及时交流,这种交流中的时差与延误不可避免地降低了受众的购买热情。网络广告是一种互动式的信息传播方式。广告主将广告信息有组织、有分类地呈现在网上,消费者根据自己的需求和爱好主动寻找相关信息,浏览公司广告,遇到满意的产品可进一步详细了解,决定购买后还可在网上直接填写订单,广告主收到信息后及时作出反馈。网络广告的即时互动特性,使其成为“一对一”的个体沟通模式,提高了目标顾客的选择性。

(3)网络广告的内容具有直观性。传统广告由于受媒体时段和版面限制,多用画面、声音等在受众的脑中创建某种印象,吸引受众,难以展开详尽内容,所以受众不能全面了解产品。网络广告一般含有大量的图片和文字资料,可以提供更加全面、具体的详细信息,利用页面之间的超链接可以在相应的页面上查到所需信息。随着多媒体技术和网络编程技术的提高,网络广告可以集文字、图像、声音于一体,创造出身临其境的感觉,既满足浏览者收集信息的需要,又提供了视觉、听觉的享受,增加了广告的吸引力。

(4)网络广告效果具有可测评性。传统广告的营销效果难以测试和评估，有多少人接受到广告发布的信息，有多少人受广告影响而作出购买决策，这些都是无法准确测量的。网络广告虽然也不能完全准确地测量营销效果，但至少可以通过受众发回的 E-mail 直接了解受众的反应，还可获得本网址访问人数、访问过程、浏览的主要信息等记录，以随时监测广告投放的有效程度，并及时调整营销策略。网络广告具有传统媒体无法比拟的优势，它吸引着无数商家加入到网络广告的行列，并进一步激发了网络广告的发展与成熟。网络广告正凭着它本身具有的优势，形成与传统媒体相互依存、优势互补的关系。

（二）网络广告的促销工具

1. 电子邮件（E-mail）

广告电子邮件是 Internet 的一项基本功能，通过它用户可以方便快捷地交流信息。权威机构的调查结论显示，上网的计算机用户当中的 80% 每天都要使用电子邮件，因而电子邮件广告也就成为电子商务营销中的一种主要广告工具。企业以各种方式收集顾客或潜在顾客的 E-mail 地址，然后将广告信息有针对性地发送到目标受众的电子信箱。但是，E-mail 广告还不能克服目标受众对于商业信息以直邮形式打进私人信箱的厌恶心理和排斥态度。电子邮件广告促销的优势主要表现为：

（1）范围广。只要有足够多的电子邮件地址，促销者就可以在很短的时间内同时向数千万甚至上亿的收件人发布信息；而传统的媒体广告投资高，需花费较大的精力和很长时间，效果有可能并不理想。

（2）效率高。采用专业的邮件群软件发布电子邮件广告，可以实现每小时几万件的发信速度，由软件自动运行，点对点地与大量最终客户接触，从而打破传统媒体受发布地域、时间的限制。

（3）费用低。企业在运用电子邮件进行广告促销时，只需支付上网费，就可将发布的广告信息直接发送到目标客户的电子信箱，公司促销人员只需坐在电脑前,随时准备接受网上客户的咨询并签订购销合同。

(4)操作简单。利用电子邮件进行广告促销、传递信息,促销人员并不需要掌握高深的计算机硬件技术,只要能操作计算机,就可快速实现业务推广或信息发布,发送大批量的广告邮件。另一种电子邮件的网络广告形式是电子邮件列表。企业可就某个与产品密切相关的话题发表见解,并用电子邮件发送出去,即时就可到达列表中的每一个人。这是一种针对性强的传播方式,但不能无限制地使用这种方式,否则会引起目标受众的反感。现在网上还活跃着一种电子刊物的广告形式。电子刊物是企业采用各种渠道吸纳订阅客户,以有偿或无偿的形式用电子邮件载体向客户发送信息。电子刊物一般内容固定,具有一定可读性,长期向订户发送。这种形式较单纯的电子邮件广告内容更为丰富,但内容也要适合不同订户的口味,否则不会有订户,也就不会有广告收入。

2. 电子公告牌(BBS)广告

BBS 是一种网上讨论组织。这个站点一般分几个讨论区,人们可用文字的形式发表见解,阅读信息,就某一话题进行讨论,所以商业气息不是很浓,但 BBS 中所潜在的商业应用价值不容忽视。现在越来越多的网络服务机构,已经在一些站点开设了服务讨论区。现在应用较多的 BBS 是一些华语地区的 BBS 站点开设的中国信息服务,如香港的 Goyoyo 广告牌。国内商务 BBS 站点如中国黄页之供求热线等。

3. Usenet 广告

Usenet 是由众多在线讨论组组成的自成一体的促销系统。其中的每一个讨论组叫新闻组或消息组,分别拥有界定明确的主题,因为不同的讨论组主题不同,所以企业在利用讨论组宣传自己的产品之前一定要选择合适的小组,并选择合适的话题进入。

4. 万维网(Web)广告

万维网是目前大多数 Internet 用户通用的信息数据平台。万维网允许细致的全彩色画面、声频传输,大容量信息的按时传送,24 小时在线以及广告主、广告受众之间的双向信息交流。对于广告客户来说,万维网拥有无限的利用价值。万维网与其他广告媒体的一个根本不同是,在 Web 中是消费者寻找广告主的主页(homepage),而不是广告主寻找消费者。Web 广告具体有以下几种。

1)旗帜广告

旗帜广告是网页上所见到的最多的广告形式。因其多在页面上方首要位置,故又叫页眉广告。浏览者只要点击它,就能进一步看到更详细的内容,因此在设计上只是一个标题,或一个招牌,引人走向更深处。凭借这种方式,广告主可以精心设计融感性与理性于一体的宣传区域,有效加强旗帜广告的宣传效果。

2)图标广告(button)

图标广告在属性及制作方面都与旗帜广告相同,只是尺寸小一些,像个纽扣(button)。图标广告纯属提示型广告,一般仅由一个标志性图案(商标或厂徽)构成,没有广告标语,也没有广告正文,所以信息容量很有限。一般只适合影响力大的企业,如 IBM、Sony、可口可乐之类耳熟能详的广告主和广告产品。

3)在线分类广告

在线分类广告面向所有的企业和消费者,他们可以在分类广告平台上方便地检索、浏览别人的广告,也可以发布自己的广告。广告内容按产品与服务的类别详细分类。在线分类广告的优势在于它的可搜索性、快捷的更新、灵活的表现形式等。

4)插入广告

插入广告是一种带有一些强迫性的广告。在你调出一个网页的同时,屏幕上会自动跳出另一个幅面略小(正常页面的 1/4 左右或更小)的网页,劝诱你点击,这就是插入广告。

当然,网络广告类型不止以上几种,随着新技术、新手段的推陈出新,网络广告也千变万化,日新月异。

第九章 农产品网上销售的 其他策略

一、重视产品质量的提高

近年来,我国农产品质量安全水平虽然有了较大提高,但农产品药物残留超标等问题仍然没有得到彻底解决,食用农产品引发的急性中毒事件时有发生。2003 年发生的"非典"事件、2004 年的"禽流感"事件和 2005 年的"苏丹红"事件,更是引发了全社会对食品安全问题的高度关注。因此,加强农产品质量安全管理已成为当前我国农业和农村经济发展的重要内容。

(一)我国农产品质量安全存在的主要问题

1.化肥、农药等残留污染问题严重

从 20 世纪 40 年代开始,自然农业逐渐向现代农业转化,这一过程也是农药、化肥被普遍使用的过程。我国每年销售和使用的农药在 170 万吨左右,其中有相当一部分是国家已明令禁止使用的,其中有 30% 是含有机磷的,其毒性残留对消费者的健康有很大影响。我国每年使用的化肥折成存量是 4 200 万吨,平均每公顷土地使用化肥超过 400 千克,而美国及欧洲化肥使用的安全标准是每公顷 225 千克,可见我国化肥在土壤中的残留是非常严重的。我国用占世界 7% 的耕地养活占世界 22% 的人口的同时,也使用了占世界 35% 的化肥,全国因不合理施用农药而导致污染的农田有 933.3 万公顷。根据有关部门统计,若按国家规定在我国有将近一半的蔬菜属不能食用的"农药蔬菜"。

2.农产品安全事故频发

我国不少农民大量使用催熟催生剂和激素,滥施化学剂,使农产

品质量下降,造成水果、蔬菜和肉类普遍口感和安全性较差,有的农产品还含有对人体有害的成分。一些农产品生产销售的企业,为降低生产成本,在生产制作、加工处理过程中超量、违规使用非食品色素、激素、防腐剂等。目前,我国农药中毒(食物中所含农药)的人数平均每年超过 10 万人,因蔬菜水果农药污染造成的急性中毒事件屡见报道。

3. 环境污染,重金属含量高

随着工农业生产的快速发展,工业与城市废弃物的大量排放、农用化学品的大量施用,导致农业生态环境急剧恶化。在农业环境污染中,自身污染占到总量的 50%,直接经济损失达 358 亿元,有机废弃物年产 40 亿吨,有机污染指标超过国家地面水环境质量 V 类标准数 10 倍以上。

4. 无公害农产品市场发育不良,质量意识淡薄

目前,各类高效低毒、无残留、无污染生物农药的开发生产热与应用的滞缓冷淡呈现出强烈的反差,究其原因是生物农药的使用有助于提高农产品的安全性,但未必能提高农产品的市场份额。生产者、销售者和消费者的安全质量意识亟待增强,安全农产品的消费需求亟待激活。

5. 农产品及其加工产品出口信任度面临挑战

我国近年来大量的出口农产品被退回,其主要原因是含杂质,食物卫生差,农药残留,食品添加剂、色素问题,标签不清晰,沙门氏菌、黄曲霉等毒素污染。农产品质量安全问题已使我国在农产品贸易中遭受巨大损失,不仅损失食物,损失运输费用,而且未来货物的交易价格也被迫降低,最严重的是国际市场丧失了对我国农产品的信任度。国际社会围绕农产品质量安全问题建立的产品质量技术标准、标签和包装制度等贸易"绿色壁垒"措施,已成为横亘在我国农产品出口面前的重大壁障。

（二）质量安全生产管理的基本经验

1. 农产品质量安全与标准化基地建设相结合

一些地区在主要农产品生产基地、养殖小区推行农业标准化示范工作，建立的从"农田到市场"全程标准化生产和管理模式是值得推广的经验。在基地创建过程中，要求各基地做到产前有环境质量标准、产中有生产技术操作标准、产后有卫生质量和包装标准、全过程有规范管理标准。建立以生产技术为主，包括管理标准、工作标准在内的标准体系，实现产前、产中、产后全过程标准化生产和管理，确保农业标准化生产真正做到有标可依、规范化生产和保证农产品质量安全。其具体做法为：一是推行生产记录卡和登记卡制度。要求所有基地均要有相应的生产过程中不同时期化肥及农药等投入品采购、使用记录，并建立电子管理档案。二是实施执行标准公示制度。所有基地所执行的标准均要求在显著位置进行公示，严格按相关行业生产标准组织生产。三是狠抓农用生产资料管理，进一步扩大高毒、高残留农药和有害饲料添加剂、兽药的禁用范围。四是严格限制单一化肥施用量，提倡施用缓释化肥、生物肥、有机肥，大力推广平衡施肥等新技术。

2. 农产品质量安全与农业产业化组织相结合

建立生产者合作社，实行产业化经营，提高农户组织化程度，建立一体化产销模式是农产品质量安全与农业产业化组织相结合实践过程中所得出的经验。具体做法为：合作社以帮助农民进入市场为入口，逐步发展产前、产中、产后全方位服务，实现"五统一"，即统一生产资料供应、统一生产操作规程、统一产品标准、统一品种销售、统一开拓市场的产销模式。引导农民改变传统的种植方式，走专业化、集约化、商品化的生态农业发展道路，获得农产品安全水平提高和农民收入增加的双重效益。

3. 农产品质量安全与现代化农业管理相结合

（1）以新的职能体系从事新时期的新工作。学习发达国家的成功经验,与国际规则接轨;以市场机制为基础机制,坚持政府主导、市场引导、鼓励各类生产经营主体参与的方针;政府部门、社会机构和技术组织的有机配合,建立政府、社会和技术组织三位一体的公共管理格局。

(2)以试点推动各地的自主创新。在注重整体部署、统一规范的条件下,考虑我国农业发展条件及社会经济水平的差异,选择适宜的地区、适宜的品种、适宜的主体。通过试点,摸索经验,找出规律,形成指导全局工作的思路和方针,以缓解农产品质量安全管理中涉及环节多、参与机构多、管理对象多、情况复杂、体制有待理顺、工作难度大的问题。

4. 农产品质量安全与科学技术的发展相结合

"无公害食品行动计划"实施以来,农产品质量安全的检验、检测及其执法监管水平正逐步朝着成熟的方向迈进,而且向着高科技、全方位和多层次发展。我国在产品生产基地、主要批发市场、农贸市场等采取了农残、药残快速检测的方法,部分地区建设了农产品检测结果网络管理查询系统及网络在线监管系统,使自律性检测和互认性检测做到网络化,为强化农产品质量监控提供了基础和保障。执法监管采取突击式抽查与程序式监测多层次结合,多部门配合与农业部门内部合作全方位结合的方法。一些地区以信息化管理为手段,实施农产品产地编码计算机管理和标识追溯工作,探索农产品质量追溯制度,对无公害农产品实行包装标识管理并取得了较为成功的经验。

5. 农产品质量安全日常监管与专项整治相结合

不少地区以省、市农产品质量检验检测中心为主体,按照中华人民共和国农业部组织例行监测的方式方法,对本地区蔬菜、水果等农产品定期开展质量安全抽检,以此强化农产品质量安全日常监管。同时,针对市场中蔬菜农药残留超标和畜产品中"瘦肉精"污染突出问题,中华人民共和国农业部组织在37个省会城市及计划单列市开展蔬菜中农药残留例行监测,在 16 个城市开展畜产品中"瘦肉精"监测活动,利用监测结果,追根溯源,分析原因,落实措施。针对农业投入品管理中存在的突出问题,以解决蔬菜有机磷超标为重点,农业部启动"种植业产品农药残留污染"专项整治活动;以解决畜产品中滥用违禁药物为重点,启动"饲料和畜产品中违禁药物及兽药残留污染"专项整治活动;以解决氯霉素污染为重点,启动"水产品药物残留污染"专项整治活动。这些措施有力地推动了各地工作向纵深发展。

6. 农产品质量安全行政推动与市场拉动相结合

(1)以抓"无公害食品行动计划"为主线,形成上下联动的工作机制。面对农业发展进入新阶段和加入世贸组织的新形势,农业部及时提出并组织实施"无公害食品行动计划",以治理"餐桌污染"为核心,对农产品质量安全实施"从农田到市场"全过程管理。明确近期工作重点是解决蔬菜中有机磷农药残留超标、畜禽饲养过程中禁用药物滥用、贝类产品污染以及出口农产品质量安全问题。"无公害食品行动计划"得到了各级政府的高度重视和积极响应,大多数地方都成立了由省(区、市)政府主管领导挂帅的工作领导小组,制订了工作规划和实施方案,推动了工作深入开展,形成了上下联动的工作机制。

(2)以过程管理协调城乡工作的一体化。紧紧围绕鲜活农产品和食品原料的质量安全管理,利用城市销地对广大农村产区的辐射带动作用,突破传统的农业生产管理和农村工作领域,综合协调产区农业部门和销地农业部门、农业生产者和城市消费者、国内农产品供应与国际农产品贸易的相关质量安全工作,逐步形成产销结合、城乡一体化的管理方式。

二、注重特色化发展和创建品牌

特色农业是指人们充分利用不同特定区域的类型、地理环境、气候条件、资源和物种特点,立足优势,围绕"特"字,开发经济价值高、相对效益好、品质上具有绝对竞争优势的特色农产品或实现区域性农业产业化。具体来说:

第一,与一般农产品相比较而言,特色农产品会明显地表现出生产的区域性。主要原因是各地自然条件的差异性决定了只有特定区域才能生产出本区域特有的农产品。

第二,较一般农产品而言,特色农产品的优势主要体现在品质的优质性上。这是特色农业存在和发展的决定性因素之一。

第三,特色农产品品质好,市场需求量较大。当产品产量达到一定规模后,有利于实现农业产业化经营。

特色农业的以上三个基本特征是紧密关联的,缺一均不能形成特色农业。区域性是发展特色农业的基础条件,也是特色农业存在的先决条件。产品品质的优劣,是特色农业能否持久发展的关键因素。特色农产品品质的好坏将直接影响到产品能否实现其市场价值。产量是形成特色农业的充分条件。产品质量好,但产量低,无法产生规模效益,在市场竞争中将难以保持持久的竞争力,特色农业也就难以持续发展。因此,考虑到以上三个特征,发展特色农业一是要因地制宜;二是要优选品种,提高产品品质;三是要科学种植(养殖),在不降低产品品质的前提下尽可能地提高产量,包括单产和总产。

在具备形成特色农业的三个基本条件后,塑造农产品品牌特别是名牌就成为提高农产品市场竞争力的一项重要战略措施。因为在市场上有品牌的农产品正逐步排斥无品牌的农产品,农产品的竞争越来越表现为品牌的竞争。

品牌就是指出售商品的人给自己的产品规定的商业名称,又称"牌子",它可以用来识别某个售卖者的产品,以便于同竞争者的产品相区别。名牌就是具有强大优势的著名品牌,是社会公众对产品的品质和价值的认知。

我国是世界农产品第一生产大国,却不是农业强国,更不是农产品品牌大国,在国内外农产品市场上的"市场地位"较弱。农产品整体质量不高,农残和有害微生物问题仍存有较大隐患,出口企业普遍规模小、实力弱,抵御出口市场风险和突破技术壁垒能力不强;绝大多数农产品档次低,仍处于初级阶段,出口主要以原料为主,充当国外品牌原料。国内市场上,以农产品为原料的食品安全问题始终没有完全解决,"全国三绿工程畅销品牌"中农产品品牌不多,广大城乡居民对农产品品牌的消费需求长期得不到满足。在产品供求关系上,农产品供给由全面短缺走向总量基本平衡的结构性、地区性相对过剩。加入世界贸易组织后,农产品销售形势日趋严峻,农民收入增加主要受益于农产品价格上涨幅度较大,今后这种涨价空间会逐步缩小。我国目前的三农产品中纯粹直接的农产品是中国驰名商标的屈指可数,大众所知的农产品不是品牌,而是农产品的品种或产地,而能够体现市场优势的价格、市场份额和品牌地位(知名度与美誉度)的农产品凤毛麟角。农业生产经营永远处于产品竞争阶段。要想提高我国农业水平,必须在农产品的品牌培育上下工夫,这样才能使我国由农业大国变成农业强国、农业品牌大国。

农产品要创建品牌,这对绝大多数农民来说是非常陌生的。在传统农业中,农民经营的农产品一般没有品牌,属于无品牌商品,但有一些具有特色的传统产品,往往以其产地作为品牌,例如,烟台苹果、河北鸭梨、四川榨菜、新疆葡萄干、西湖龙井、黄山毛峰等。这些名牌农产品在市场上享有盛誉,历史悠久,不仅为国内消费者欢迎,也为国际市场所青睐。近年来,这种状况发生了变化,不少农副产品经过初加工后,开始设立品牌,通过经营者在产品质量和销售方式上的不断改进,逐渐成为市场公认的名牌商品。在这个过程中人们开始认识到,实施农产品品牌战略有着十分重要的意义:

第一,便于消费者识别商品的出处。这是品牌经营最基本的作用,是生产经营者给自己的产品赋予品牌的出发点。在市场上,特别是在城市的超级市场中有众多的同类农产品,这些农产品又是由不同的生产者生产的,消费者在购买农产品的时候,往往是依据不同的品牌加以区别的。

第二,便于宣传推广农产品。商品进入市场依赖于各种媒体进行宣传推广,品牌是一种重要形象。商品流通到哪里,品牌就在哪里发挥宣传作用。品牌是生产者形象与信誉的表现形式,人们一见到某种商品的商标,就会迅速联想到商品的生产者、质量与特色,从而刺激消费者产生购买欲望。因此,独特的品牌和商标很自然地成为一种有效的宣传广告手段。

第三,开展品牌经营生产要承诺产品质量,这有利于建立稳定的顾客群。品牌标记送交管理机关注册成为商标,需要呈报产品质量说明,作为监督执法的依据。这样,品牌也就成了产品质量的象征,可以促使生产者坚持按标准生产产品,保证产品质量的稳定,兑现注册商标时的承诺。如生产者降低了产品质量,管理机关便可加以监督和制止,维护消费者的利益。一个成功的品牌实际上代表了一组忠诚的顾客,这批顾客会不断地购买该企业的产品,形成企业稳定的顾客群,从而确保了企业销售额的稳定。品牌农产品有相对固定的消费群体,受市场波动的影响不大。

第四,开展品牌经营,可以维护专用权利。品牌标记经过注册成为商标后,生产者既有保证产品质量的义务,也有得到法律保护的权利。商品注册人对其品牌、商标有独占的权利,对擅自制造、使用、销售本企业商标以及在同类、类似商品中模仿本企业注册商标等侵仅行为,可依法提起诉讼,通过保护商标的专用权来维护企业的利益。

第五,充当竞争工具。在市场竞争中,品牌产品借助于名牌优势,以较高的价格获取超额利润,或以相同价格压倒普通品牌的产品,扩大市场占有率。一个好的品牌可以带动一个产业,富裕一方农民。

三、重视产品包装

合理包装是树立农产品品牌形象的需要,是占领农产品市场的首要条件和提高农产品竞争力的得力举措,也是合理利用资源、提高农产品价值的有效途径。我国有许多以农业为主的省(区),在其优越、独特的自然条件下,盛产诸多优质农产品,然而这些优质的产品并未带来预期的、与其相应的丰厚回报,其主要原因之一就是生产者或企业对产品的包装重视不够或包装不当。因此,尽快提高农产品包装水平,打造一批农产品品牌是各地农产品加工企业的当务之急。

(一)农产品合理包装的作用

合理包装是指方便运输的包装。包装的主要目的是把合格的产品以完整无损的形态送到买方手中,既不能采用华而不实的夸张包装和过分包装,也不能采用防护能力过差的缺陷包装和过弱包装。合理包装的作用表现在以下方面:

(1)合理包装能有效地保护农产品。鲜果、蔬菜类农产品水分含量高,皮薄质嫩,在流通过程中容易受到机械损伤。经过合理包装可以避免或减轻机械损伤,有效地保护农产品。

(2)合理包装能确保农产品质量。农产品作为食品或食品原料,其质量直接影响着消费者的健康和安全。确保农产品质量是包装的主要功能。农产品质量能为其选择的包装材料、包装容器、包装技法所确保。

(3)良好的包装能促进农产品消费。良好的包装是无声的推销员。消费者购买农产品时,最先接触的是商品的"外衣",即包装。包装的造型、文字、图案、色彩,以其特殊的"语言",起着联系消费者与商品之间的媒介作用,以及宣传、美化与推销商品的作用。良好的包装给人以美的享受,能吸引消费者的注意力,诱导和激发消费者的购买欲。可以说,包装是争取消费者的重要工具。

(4)合理的包装能方便农产品储运。农产品在储运过程中,其生理代谢仍在进行着,合理的包装能提高农产品储存的稳定性,同时方便搬运。

(二)农产品包装的分类

(1)运输包装,又称大包装、外包装。它是将货物装入特定容器,或以特定方式成件、成箱的包装。其作用,一是保护货物在长时间和远距离的运输过程中不被损坏和散失;二是方便货物的搬运、储存和运输。运输包装又分为单件运输包装和集合运输包装。

单件运输包装是指农产品在运输、装卸、储存中作为一个计件单位的包装,如纸箱、木箱、铁桶、纸袋、麻袋等。

集合运输包装是指将一定数量的单件包装组合成一件大的包装或装入一个大的包装容器内,包括托盘、集装袋等。

(2)销售包装,又称小包装、内包装或直接包装。它是指产品以适当的材料或容器所进行的初次包装。销售包装除保护农产品的品质外,还有美化农产品、宣传推广、便于陈列展销、吸引顾客和方便消费者的作用,从而促进销售,提高农产品价值的作用。

(三)农产品包装的要求

(1)标准化。是指对农产品包装所用的材料、结构造型、规格、容量及农产品的盛放、衬垫、封装方法、名词术语、印刷标志和检验要求等加以统一规定的一项技术性措施。它是根据产品的特性、生物性质、形状、体积、质量,在有利于农产品的生产、流通、安全和节约的原则下,制定的统一标准,使同种同类产品的包装趋于一致。

(2)系列化。是指在同类产品的标准包装中,为了满足不同盛量的需要,并适应盛装其他产品的通用范围,按照一定的规律和经济技术要求,确定一系列不同规格、不同容量的包装形式,组成一套产品包装标准系列。

(3)通用化。就是在设计包装时,不仅要适应一种产品的要求,而且要尽可能地考虑到能够在多种产品之间通用。

产品包装的"三化",不仅可以扩大产品包装的使用范围,促使回收复用,节约包装材料,而且对保护产品安全,适应运输工具的装载能力,便于装卸搬运、交换、堆码,提高劳动生产率,便于实行储运作业机械化,降低物流费用等,都具有重要作用。

(四)农产品包装决策

(1)相似包装决策。是指在所销售的农产品包装上采用相似的图案、颜色,体现共同的特征。其优点是能节约设计和印刷成本,树立良好的形象,有利于新产品的推销。但有时也会因为个别产品质量下降影响到其他产品的销路。

(2)差异包装决策。是指所经营的各种产品都有自己独特的包装,在设计上采用不同的风格、色调和材料。能避免由于某品种营销失败而影响其他品种的声誉,但会增加包装设计费用和新产品促销费用。

(3)复用包装决策。是指包装内的产品用过之后,包装物本身还可作其他用途使用。

(4)分等级包装决策。是指对同一种农产品采用不同等级包装,以适应不同的购买力水平。如送礼用的水果包装和自用的包装采用不同档次的包装。

(5)改变包装决策。是指当某种产品销路不畅或长期使用一种包装时,可以改变其包装设计、包装材料,使用新的包装。这可能使顾客产生新鲜感,从而扩大产品销售。

(五)我国农产品包装目前存在的问题

(1)包装物选择不适宜,未能有效地保护农产品。当前我国各地生产的禾谷类原粮、禾谷类加工品、薯类加工品、豆类、干果类(葡萄干、杏干、核桃、巴旦杏和无花果)产品仍采用麻袋、塑料编织袋做包装。这些包装物防潮性、气密性差,不能有效地保护农产品,当储存条件差、管理疏忽时,易生虫、霉变,造成经济损失。包装阻隔性不良,就会产生一系列不良后果:①引起农产品悬浮颗粒物含量增加。②粉状农产品在搬运过程中,从包装物的缝隙中逸出,污染储运环境和销售环境。③包装物的气密性差,农产品氧化作用强烈,脂类营养物发生氧化酸败,有机物质发生霉变,品质降低。④由于农产品的包装袋内氧气含量较高,易引起储存过程中害虫及微生物的活动和繁殖,导致农产品品质劣变。⑤因包装物隔湿性能差,农产品具有吸湿性,造成农产品受潮。含水量高的农产品呼吸旺盛,如包装中不加以有效抑制,就会造成有机物质过度损耗,致使农产品的营养物质损失。

以上现象的存在,影响着我国许多农产品,特别是干果的出口与国内销售。近几年,果品外包装普遍采用瓦楞纸箱,多数内包装没有采用缓冲包装,所以造成果品在搬运、运输中受到机械损伤,诱发果品腐烂变质,造成巨大的经济损失。目前,我国水果包装仍处于初级阶段。许多水果在旺季上市时根本没有包装,堆在路边叫卖,或用竹篓、塑料编织袋盛装,根本谈不上包装设计和品牌宣传。目前,一些精明的水果摊主往往挑选几种水果,搭配后盛放在精致的篮中,再包上彩色透明的塑料膜,贴上标签,价格就可以翻番,且生意红火。

(2)农产品的礼品包装档次低。名、优、特农产品常作为人们探亲访友的馈赠礼品。然而,它们的包装却往往被忽视,优质的产品没有与其相匹配的精美包装。以大米包装为例,长期以来,我国大米都用麻袋、塑料编织袋包装,每袋15千克、25千克、50千克不等。随着人们生活水平的提高,优质大米深受城镇居民欢迎,而传统包装显然不能适应优质大米的包装要求。一些公司开发生产的塑料复合大米包装袋,印制精美,文字说明、商标、条形码齐全,颇能吸引顾客,促进销售。这种包装而且是真空包装,从而可延长大米的保质期,防潮、防霉、防虫效果十分理想。

(3)外包装设计雷同,缺乏鲜明的个性。大多数农产品包装,特别是初级农产品的包装几乎没有设计。例如,鲜果包装箱设计手法单一,普遍采用画图加品名,缺乏鲜明性、独特性和艺术性。

(4)展示内容不完整。有许多农产品外包装缺少商标和果品生产企业名称等重要内容,包装袋(箱)的辅助面没有设计。没有起到以包装宣传企业、以包装促进销售的作用,也不利于打造产品品牌。辅助面设计应标明内装物品种、等级,主要营养物含量、质量,方便消费者选购。

(5)包装物的造形设计单调。有些农产品包装物缺乏新颖性、方便性和再利用性。

参 考 文 献

[1] 占锦川.农产品电子商务[M].北京:电子工业出版社,2010.

[2] 涂同明,涂俊一,杜凤珍.农村电子商务[M].武汉:湖北科学技术出版社,2011.

[3] 费建.农产品电子商务指引[M].上海:文汇出版社,2010.

[4] 孙惠合.实用信息技术与农产品网络营销[M].合肥:安徽科学技术出版社,2007.

[5] 涂同明,涂俊一,杜凤珍.农产品电子商务[M].武汉:湖北科学技术出版社,2011.

[6] 王培才,陈国胜.农产品营销[M].北京:清华大学出版社,2010.

[7] 周发明.构建新型农产品营销体系的研究[M].北京:社会科学文献出版社,2009.

[8] 王红梅.农产品网上销售实务[M].北京:中国社会出版社,2006.

[9] 李崇光.农产品营销学[M].北京:高等教育出版社,2010.

[10] 林素娟.农产品营销新思维[M].大连:东北财经大学出版社,2011.